U0181804

以 茶 入 道 逍 遥 齐 物

茶经源

还 原 失 传 千 年 的 陆 羽《茶 经》三 卷

终南懒散人/编著

龚珂/绘

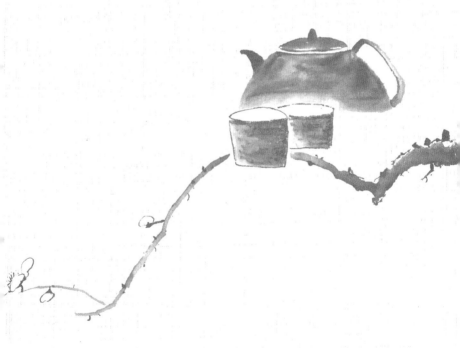

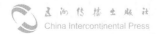
五洲传播出版社
China Intercontinental Press

图书在版编目（CIP）数据

茶经源 / 终南懒散人编著 . -- 北京：五洲传播出版社，2021.12
ISBN 978-7-5085-4737-4

Ⅰ . ①茶… Ⅱ . ①终… Ⅲ . ①茶文化－中国－古代 ②《茶经》－研究 Ⅳ . ① TS971.21

中国版本图书馆 CIP 数据核字 (2021) 第 258111 号

茶经源

编　　著：终南懒散人
绘　　图：龚　珂
责任编辑：黄金敏

出版发行：五洲传播出版社
地　　址：北京市海淀区北三环中路 31 号生产力大楼 B 座 7 层
邮　　编：100088
发行电话：010-82005927，82007837
网　　址：http://www.cicc.org.cn http://www.thatsbooks.com
承 印 者：三河市腾飞印务有限公司
版　　次：2022 年 1 月第 1 版第 1 次印刷
开　　本：889mm*1194mm　　1/32
印　　张：8.75
字　　数：150 千字
定　　价：78.00 元

序

如果我们以《茶经》为索，就能看到古人在茶事上的讲究，这本书就重点回答了古人为什么要这么讲究。

自古近道者贵，仿形者愚，于茶事上亦如此。无论是茶道、茶礼还是茶饮，能不远其本质的行为，是最值得推崇的；而不究其本，盲目仿效，过度放大，都是远离其本质的蒙昧。

这本书不是教我们如何在表面上仿效古人，而是带我们一起探讨古人为什么在茶事上这么讲究，追根溯源，值得研读。

本书在溯源过程中，对"气"给予了充分的关注，让我们能更好地理解古人"讲究"的源头，也容易解开很多人心中的谜团。

食茶者，是为以物养人。

古人认为，凡是养人养生，都是以能否帮助人增长或获得阳气为考量的。人喜天地间具有生长之力的阳气，用之滋养自身。然而，四时轮换，阴阳交替，人们希望不只是在春时，更希望在秋冬之际，也能增补阳气。而在初春之时，携带了天地生长之气的茶叶，满足了古人的这一诉求。

茶叶的长成，有地气的作用，也有天气的作用，古人在选茶时，更希望其受天气的影响更大一些，原因也是因为阳气。

冬至过后，地气之中一阳生，此后地中阳气入万物，万物复苏，此即是茶树阳气最旺又未泄之时，芽尖为最。但等清明之后，草木在阳气的影响下，生发之势更盛，但自身的阳气却逐步开始下降。

这阳气来源有二，一是地气之中的阳气，二是天气之中的阳气，二者相冲以为和，共存于茶叶之中。

但古人显然希望在茶叶之中，天气中的清阳之气更多些，因此，茶树生长的环境愈是贫瘠（岩石与砂砾）就愈好。因为茶树在生长过程中扎根于下，相比之下，地中阳气更容易获得，因此，土壤愈是肥沃，往往获得的地气也愈是容易，对天气中的清阳之气吸纳得反而愈少。因此，从养生的角度来说，不够理想。但要是地气极度贫瘠，又容易影响茶的口感。因此，从个人角度来讲，可以各有偏好，而从茶的角度来讲，往往是达到了某种平衡。

古人在制茶过程中，一方面，是用后天的手段，既延续保留了茶中阳气，使其取用方便，又平衡了口感适宜；另一方面，也增加了一些"人为"的可能，这里不再展开。

此前，受各种条件的限制，人们对茶和水在实际应用中相互作用方面的拓展，十分有限。从阳气的角度来讲，水的作用是使茶气入水，水取茶气，水达经络，以增阳气。为了防止在此过程中水起到不好的作用，故取泉活水，古井初水等，都是为防受水中阴浊之气的影响。

水与茶，二者在火与器的作用下，生利害关系，每一个取舍的背后，都有人们对自身所需的考量。

今天，受利于交通物流的便捷，取水储水条件的进步，水与茶之间，无论是茶气的获取，还是口感的改善，都有更多的可能。值此之际，本书的出版，于专业人士及茶文化爱好者而言，都将大有裨益。

近道者贵，仿形者愚，茶经溯源，可以近道。

——南山空同

目 录

缘 起

因一本残缺的《茶经》而流芳百世，这恐怕是陆羽所意想不到的。如今存世的《茶经》，其实只能算是陆羽的部分观点，或者说是他研究茶文化而得出的一些结论，比如，"叶紫上，叶卷上"等。但是，这些论断的原因为何？为什么茶是阳崖阴林的好？为什么阴山坡谷结瘕疾？又比如，《茶之出》中的对各茶区等级的判定，为什么湖州为上等茶区？而风景秀丽、烂石成堆、上应轸星的衡山茶区却是下等？包括现在十大名茶的产区，如杭州西湖龙井产区、安吉白茶的产区安吉、太平猴魁产区黄山太平县、碧螺春产区洞庭山等，在《茶经》中几乎全是下等，这又是为什么呢？

细究起来，现存的《茶经》有以下不足：第一，缺少对"茶、器、水和茶山"等做出"好坏"判断的基础信息；第二，缺少论断背后的"理"及逻辑推理过程；第三，缺少简单实用却又一目了然的口诀；第四，缺少了对前人或其他制茶和泡茶法的论述；第五，缺少完整的"以茶入道"的知识体系。

所以，后人读《茶经》容易产生迷惑，陆羽是依据什么做出的论断？难道各个州各个县治的阴山坡谷的茶，他全部自己品鉴过？显然，在当时的社会条件下，短短几年的时间中他是做不到的。而且，即便他全品鉴过，只靠一个人的主观判断得出的结论值得相信吗？

流行者气，对待者数，主宰者理，明理者象。一本实用型的经典，不应该只有象而没有理和数的支撑。像这样仅仅抛出来观点，只会给后人留下一头雾水，这当然不会是陆羽的本意。

事实上，原本完整的《茶经》共有三卷，只是后来其中的部分内容佚失了。

作为一位著名的学者，陆羽创作的经典又何止《茶经》一书？仅在他的自传中提及的经典就有《源解》三十卷、《君臣契》三卷、《江表四姓谱》八卷、《南北人物志》十卷、《吴兴历官记》三卷、《湖州刺史记》一卷、《茶经》三卷、《占梦》三卷，计八种共六十一卷著述。可惜的是，这些著作基本都已经失传了。

其中，《源解》三十卷，论述的是阴阳家和齐物之道的一些源头理论。所谓阴阳家，东汉史学家班固在《汉书·艺文志》一书中是这样记载的："阴阳家之流，盖出于羲和之官，敬顺昊天，历象日月星辰，敬授民时，此其所长也。"《源解》中就涵盖有天象分星分野和历法民用的论述，还有部分内容记录在《顾渚山记》（《品第书》）中。这部分内容我将在后面的正文中稍加论述。

因此，陆羽实为唐朝中期的一名大阴阳家。当时，朝廷曾两次诏拜陆羽为太常寺太祝，而陆羽皆婉辞圣命。太祝，官名，掌管祭祀，"处天人之际，以言告神，在祭祀中迎神送神，以事鬼神示，祈福祥，求永贞"。如果陆羽仅是一个研究茶叶的文人，怎么可能被授予这样的职位呢？

宋人费衮在《梁溪漫志·陆羽为茶所累》文中曾这样论说："人不可偏有所好，往往为所嗜好掩其他长。如陆鸿渐本唐之文人达士，特以好茶，人止称其能品泉别茶尔。"在他看来，陆羽反而是为茶所累，因好茶之名，而掩盖了他的众多才能。

所以，《茶经》三卷只是陆羽著作中的一小部分，陆羽因这残存的《茶经》成了后人称道的茶圣茶神，其实也是一个偶然。

然而，前文提过，即便是已然称圣的《茶经》，如今存留的也是不完整的，其中所包含的内容最多只能告诉我们"是什么"。要知其所以然，我们一定要去探寻那些已经遗失的部分，去追问陆羽论断背后的"为什么"。

我是一名茶文化爱好者，陆羽《茶经》残缺之憾一直令我如鲠在喉。我于 2002 年前后接触了邵康节的易学，在读到他文中"'昔人尚友于古，而吾独未及四方'，于是逾河、汾，涉淮、汉，周流齐、鲁、宋、郑之墟，久之，幡然来归，曰：'道在是矣。'"这段文字时，被深深触动。于是本人在 2008 年做了个艰难的决定：亦学先贤"友于古，及四方"，走遍国内名山大川、洞天福地，探访陆羽的足迹，追溯他遗失在历史长河中的宝藏。

我制定了三条路线：一是根据陆羽《茶经》记载的茶区和陆羽足迹遗址，逐一去寻访，比如，竟陵龙盖寺、天门山陆子读书处、湖州妙喜寺、三癸亭、顾渚山陆龟蒙茶园、金沙泉、大唐贡茶院遗址等等；二是根据唐时司马承祯的《天地官府图》和杜光庭的《名山洞天福地记》，行走三十六洞天七十二福地；三是行走少年邵子游学路及他老年所居遗址，比如，西翠华、钟吕坪、鹤林寺遗址、金盖山古梅花庙、洛阳安乐窝、苏门山闭关处、皇极阁遗址、长生洞……

耗时十几年、耗资百万计，我终于把这心愿完成了十之八九。志同道合而为友，古人诚不我欺哉。友与古，就是与古人立同一志，追寻古人的修行之道，屏气凝神、心执一念，感而遂通。经年累月的探寻之旅终于使我得以一窥《茶经》的全貌，既解决了困扰多年的疑惑，也对于茶文化有了更深层次的体悟。

然而，知易行难，虽然实践了一些古人修行之法和境界体悟，但还有更多境界等着我们去践行。在此，我记录下这一路行程中的所感所知，与同行者共勉。

本人秉性懒散，行文任性随意，若有不足舛误，尚请方家海涵。

前　言

以茶入道的陆羽及《茶经》三卷

茶圣陆羽的一生，就是一个传奇。他一生嗜茶，精于茶道，以世界第一部茶叶专著《茶经》而闻名于世。那么，究竟是什么样的机缘，让他从一个弃婴，走向了"茶圣"？他的知识体系是如何建立起来的？师承何处？他由积公和尚收养，为什么没出家为僧？他的自传中有"公执释典不屈，予执儒典不屈"之语，那么他是心向儒家吗？既然如此，又因何拒绝入朝为官？

　　对于陆羽的生卒年及其晚年隐居之所，人们一直争论颇多。但是，这些并不是本书要探讨的内容。在本文的序言中，关于陆羽，主要讲以下两个方面内容：

　　一、陆羽的求学历程，他因何在接受佛、儒、道三家的熏陶后，习得"阴阳五行齐物"的思想，最终以茶入道，成为一代阴阳大家。

　　二、陆羽自传中称有《茶经》三卷，目前看到的《茶经》只是三卷之一，另外两卷叫什么名字？分别说了哪些内容？完整的《茶经》应该是怎样的体系？

以茶入道的陆羽

说到陆羽的求学历程，我们不得不提三个人：积公和尚（智积禅师）、李腾（李冶之父）、火门山邹夫子。

陆羽小时候对茶的兴趣爱好，显然是积公和尚培养的，因为他自己就是好茶之人。据《新唐书》记载，陆羽身世不明，"不知所生，或言有僧得诸水滨，畜之"。有说积公和尚俗家姓陆，故陆羽姓陆，生后三年而被弃有瑕疵，是为疾。陆羽被积公和尚救了之后，是先送到李腾家寄养的，当时李腾家有女李冶（李季兰）比陆羽大三岁，他又承了李家的季字辈，这是陆疾、陆季疵名字的由来。他在李腾家待到了九岁（李冶当时十二岁）。

李腾虽被世人称为饱学儒士，但他实际是个道家文化的信仰者，且琴棋书画样样精通。他的女儿李冶能成为唐代名动朝野的女道士，且为"唐代四大女诗人"之一，与鱼玄机、薛涛、刘采春齐名，显然是李腾对其从小悉心培养的结果。

陆羽从小是和李冶一同成长起来的，因此，小时候的陆羽耳闻目睹的除了茶文化和佛经外，还接触了儒家和道家的一些思想。这也是陆羽后来和积公禅师产生分歧的原因。如果陆羽从小只在龙盖寺接触茶文化和佛典，他还能"执儒典而不屈"吗？恐怕他连听闻儒典的机会也少有吧。

小时候学习到的这些知识都只是基础，不成体系。在李腾举家南迁乌程（后来陆羽学有所成下山后的第一站和待的最久的地方，也是乌程，即湖州）后，陆羽和积公和尚在学习和信仰上产生了无可调和的矛盾，因此他逃出龙盖寺，混迹戏班三年。直到机缘巧合，他遇到了皇亲国戚李齐物，在李齐物的介绍下，陆羽才认识了他真正的师傅——火门山邹夫子。

他在火门山（竟陵天门山）跟随邹夫子学习了九年（头尾十年，其间有几年出去游学），大概是从十四岁到二十四岁，这可是人生中最重要的学习时间，足以奠定他一生的知识基础。

那么，火门山邹夫子是谁？陆羽跟他九年时间，学了什么？

关于这位隐藏很深的火门山邹夫子，史书中并无记载。我在顾渚山时，得知邹夫子本名为邹象先，是阴阳家邹衍后人，也是中唐时阴阳家的集大成者，而能查到的关于邹象先的记载仅有："邹象先，开元二十三年进士，与萧颖士为同年生，仕临涣尉。"

邹象先和萧颖士是同科进士，而且二人关系不错，还有相应和的诗歌流传下来。

邹象先《寄萧颖士补正字》：六月度开云，三峰玩山翠。尔时黄绶屈，别后青云致。

萧颖士《答邹象先》：桂枝常共擢，茅茨翼同荐。一命何阻修，载驰名川县。壮图悲岁月，明代耻贫贱。回首无津梁，只令二毛变。

同年的进士众多，为何他们俩会结为好友？正是因为二人同出身于阴阳家，皆为阴阳家后人。萧颖士的家族，亦是阴阳家名族。据记载，他的祖上可追溯到萧何，梁武帝萧衍亦是他家族祖上之人，而隋唐有名的阴阳大家、著有《五行大义》的萧吉，是萧颖士的叔伯祖。

不同的是，在中进士之后，邹象先选择远离官场，隐居在火门山，他在诗中表现出了不愿"黄绶屈"（古代黄帝有穿黄绶九龙袍，这里表示屈于皇权，服侍天子），"深观阴阳消息而逍遥齐物"之志。这和萧颖士的"黄绶屈而青云致"刚好是一阴一阳。两位阴阳家后人，一个志在修道，一个志在当官。

那么，既然是李齐物将陆羽介绍给邹夫子，邹象先和李齐物又是如何认识的呢？

开元二十三年，正是李齐物在长安任长安令及殿中少监、太府少卿期间。当时，长安称为西京，而洛阳称为东京。那一年，唐玄宗在洛阳，没回长安。所以，当年的进士考试就放在了长安。唐玄宗令亲信之人在长安主持大考，李齐物作为皇家宗室中人，刚好在长安任职，自然而然就参与了开元二十三年的大考主持。

这段故事，可以从旁佐证。在邹象先、萧颖士同一届的考生中，有大家所熟知的边塞四诗人之一高适，也就是他留下了千古名句——"莫愁前路无知己，天下谁人不识君"。可惜的是，这年他并没有考中进士。高适在《酬秘书弟兼寄幕下诸公》的序中说："乙亥年，适征诣长安。"周勋初的《高适年谱》一书，记有："征诣长安，应试科试，无成。"而乙亥年，就是开元二十三年，这就证明了那一年的大考在西京长安，李齐物和邹象先就这么认识了。

开元二十四年，李齐物到怀州（今河南焦作）当刺史，而邹象先到临涣县（今属安徽省淮北市濉溪县）任县尉，两地大约距离四五百公里。临涣县还有一个名字，叫古茶镇。临涣茶源于东晋，在唐代时临涣镇就出现了茶馆。

后来，邹象先辞官，归隐于竟陵火门山中观星望气。746 年，李齐物被贬竟陵。两人是故识、旧友，李齐物了解邹象先的来历，所以他把陆羽介绍到了邹象先门下。因此，说到陆羽最感激的人，应该就是李齐物了。

陆羽虽被积公和尚养大，在离开龙盖寺后却至死也没回去。而他却在贞元五年（789）千里迢迢远赴岭南，入广州刺史、岭南节度使李复幕府。李复是谁？正是李齐物之子。史载 789 年，大唐宰相李泌死，朝中乱象生。同年，李复兴兵，收复唐高宗李治时失去的琼州。婉辞太常寺太祝的陆羽，入李复幕府，以阴阳家之能，助李复成就大唐一代名将。这可看作是对李齐物为其介绍明师邹象先的回报。

关于这段故事，还有这样一番传说。

竟陵火门山，邹夫子别墅处，有一亭，离亭三米，有一井。夏日炎炎，李齐物、邹象先亭中纳凉，陆羽汲水煮茶。

李齐物曰：予尝闻昔光武①盗天门之机而昆阳大捷，牟尼佛由此下界于山中布教。足下隐此山中观星望气有何所得乎？

夫子曰：星也者，象也；气行者，理也。太史公言吾祖以深观阴阳消息而作怪迂之变。其始也，必先验于小物，推而大之，至于无垠。予观星象，岁、荧惑、太白或将聚于东井②，天象人事相催，天机不言，子独知之。羽之学，予谓之先验于茶焉。不日将往东南。

李齐物曰：然。乱而可治乎？复将安往？

夫子曰：光子平治③。复④亦往东南可矣。

陆羽煮茶毕，为李齐物、邹夫子奉茶。

夫子曰：易云："天与水想违行。"天一生水，生生也；地六成之，存生也，化生也。天道西转，地水东流，此阳顺阴逆之象也。昔圣人作图，蕴斗极四象于外，藏阴阳造化之理于内，子知之乎？

羽思以对之曰：所谓道生天地，天地生万物，天地有其道，万物有其道。体立用显造化生。造化皆因于二气交媾之理，体用不出于河图。如茶也，穷其理，知其方，识其时，自达天地之机。

李齐物曰：大善。子往东南，若逢复遇难事，望助之。

陆羽曰：然。经载"金盖上应北斗开宫"，吾欲游学往乌程。

夫子曰：善。昔玄静先生⑤曾来山中品茶论道，其师事司马承祯于王屋山得闻天地官府记，应隐于茅山，子可往访之。

陆羽应而出，继续煮茶。

如果按上文所言，那么陆羽去协助李齐物之子李复，也是邹夫子的授意。从中亦可见，陆羽所学的阴阳齐物之道正是邹夫子所授。陆羽跟随他九年，深入学习了"五行八卦，阴阳二气"的体系，并由茶而入道，体悟到天地之理："如茶也，穷其理，知其方，识其时，自达天地之机"。

所以，他在《茶之源》中写下了"阳崖阴林，紫者上，绿者次；笋者上，芽者次；叶卷上，叶舒次。阴山坡谷者，不堪采掇，性凝滞，结瘕疾"的论断，在《茶之器》中，显露出了深厚的五行八卦知识背景。事实上，若撇开了"阴阳二气"，怎么能理解"紫者上"？怎么去解释"叶卷上"？若撇开了"齐物"的思想，怎么能理解"茶与草木叶一也"？而在逍遥齐物的路上，陆羽选择了"以茶入道"，这才有了后来的《茶经》。

引文注： ① "光武"指光武帝刘秀，其曾借道天门山出兵昆阳而大捷。

② "三星聚东井"指安史之乱的天象。

③ "光子平治"指李光弼和郭子仪平定安史之乱。

④ "复"指李齐物的儿子李复。

⑤ "玄静先生"指上清派李含光。

《茶经》三卷

陆羽在火门山学习九年，学有所成后，准备"以茶入道"，于是，陆羽开始了东南之行。因为师傅邹象先告诉他"成在东南"。而当时，刚好是道家真人司马承祯制《天地官府图》评点天下"洞天福地"之后。十大洞天三十六小洞天七十二福地，竟然有四分之一落在了东南的浙江一带。所以，陆羽渡过长江来到了乌程，他儿时的亲人李腾和李冶就在这里。

五年之后，也是在乌程，他写出了名动后世的《茶经》。

提到陆羽的《茶经》，最出名的时候应该是在唐末到宋时，那时候的茶人大多认可陆羽茶圣的地位。而到明清之时，《茶经》中的一些经典知识已经失传了。

说到《茶经》的成书，有一个和尚，是一定绕不开的。不是积公禅师，而是陆羽在湖州认识的至交僧皎然。

僧皎然，他的祖上也是鼎鼎有名，就是自称独占一斗气运的谢灵运。皎然（谢清昼）的茶叶知识，远超出当时才二十多岁的陆羽。皎然是湖州杼山妙喜寺的住持，陆羽经常住在寺里，在皎然的指点下，开始走上了"以茶入道"之路。

其中艰辛，不足为外人道也。我们直接说三卷《茶经》吧。

第一卷：现今人们见到的《茶经》。

第二卷：《茶诀》。后世传说是皎然所著，其实是陆羽《茶经》中的一部分。整部《茶经》，可以说是皎然协助陆羽来完成的，皎然又怎么会再独著一书？而且，《茶诀》就是《茶经》中"之造"中说"茶之否臧，存于口诀"的诀。

这个诀包括了以下几方面的内容：辨别青叶的口诀、辨别制好的茶叶的口诀（分生晒、炒青、饼茶）、辨别茶汤的口诀、辨别水的口诀等。因此，第二卷是告诉大家怎么鉴别各种茶叶好坏的。被封为茶圣，要"以茶入道"的陆羽，怎么可能会"忘却或隐藏"这么重要的内容？

第三卷：原名叫《品第书》，也叫《顾渚山记》。曾被皮日休得到，其好友陆龟蒙曾修改后公开过。这卷记载了什么？主要记载了两部分内容：

一是地理相关内容：陆羽曾走访过很多洞天福地，其中多有茶叶和泉水，他曾经点评过具体洞天福地的茶叶和水，就记载在《品第书》中。因为这个原因，这书还被后人列入地理志类。

二是茶事相关内容：陆羽把各种制茶法和吃茶法的"次第"也列入了此卷。

早在唐前，就存在有各种制茶法，比如，纯晒（晒青）、纯炒（炒青）等。大道至简，古人更追寻纯粹，怎么会只留下一种"采之、蒸之、捣之、拍之、焙之、穿之、封之"的复杂手法？怎么可能只留下一种"煎茶法"？那种加盐加葱姜之类的"煎法"，是在"茶（苦菜）""荼"不分的时代遗留下来的。实际前人早就有了散茶（炒青、晒青）的冲泡法。

古人治学严谨的态度，超出我们的想象，为颜真卿、僧皎然、陆放、李冶等社会名流、名僧高道都认可的陆羽，怎么可能会在自己的《茶经》中，对之前的制茶和泡茶法不去研究并加以说明？

所以，在第三卷《品第书》中，陆羽把各种茶适合怎么制、怎么泡做了个简单说明。而且，对茶叶土壤有了更详细的说明，比如，"竹林中莓苔地亦属于上等"的说法，就出自这部书中。

因此，现存的《茶经》加上《茶诀》《品第书》，才是完整的《陆羽茶经》。这样的著作才可以齐物，才能让陆羽以茶入道而至封圣。陆羽对茶的态度，完全是超然物外的，以之修身养性，明心见道。以至于后来他遇到了李季卿和常伯熊之流，对茶技、茶艺向娱乐性和功利性发展大为恼火，写下了《毁茶论》，痛斥这种"功利为先、娱乐至上"的行为。

纵观陆羽一生，出身释门，欲从儒学，却入了道家，走向阴阳齐物之道，并最终以茶入道，成为一代茶圣。这正是：

不读佛经心有慈悲，以茶入道逍遥齐物，修身治学兼济世人，青气万丈长留人间。

书中主要人物表

陆　羽

《茶经》作者，约733—804年在世，字鸿渐，唐朝复州竟陵（今湖北天门市）人，一名疾，字季疵，号竟陵子、桑苎翁、东冈子，又号"茶山御史"；唐代茶学家，被誉为"茶仙"，尊为"茶圣"，祀为"茶神"。

智积禅师

也称积公和尚，唐代开元年间竟陵龙盖寺住持；约公元733年，陆羽一岁时，被智积禅师在当地西湖之滨拾得而收养。

李　腾

李冶（李季兰）之父，智积禅师的好友，明为儒学大家，实为道家文化爱好者；因陆羽与李冶年龄相仿，被智积禅师寄养在李腾家。

李　冶

约730—784年在世，字季兰（《太平广记》中作"秀兰"），乌程（今浙江吴兴）人，与薛涛、鱼玄机、刘采春并称"唐代四大女诗人";童年即显诗才,后为女道士;童年随其父李腾在竟陵生活,陆羽寄养其家中,和李冶一起长大。

李齐物

出生年不详,卒于761年,字道用,陇西成纪(今甘肃省秦安县)人;唐朝宗室大臣,唐太祖李虎五世孙,弘农太守李璟之子;出身宗室大郑王房,门荫入仕;神龙初年,起家太子千牛备身,累迁尚辇奉御;唐玄宗继位,授北都军器监,政绩卓著。迁长安令,治理有方,交好右相李适之,出贬竟陵郡守,颇有政绩;安史之乱后期,出任凤翔节度使;后迁至京兆尹。其子为李复。

邹象先

具体信息不可考,邹衍之后,阴阳家传人,陆羽真正的师父,与李齐物是朋友;开元二十三年进士,与萧颖士、高适为同年生,曾仕临涣尉。

萧颖士

字茂挺,号文元先生,717—768年在世,颍州汝阴(今安徽省阜阳市)人;唐朝文学家、名士萧何后人,为南朝梁宗室后代,郡望南兰陵(今江苏省常州市);开元二十三年,进士及第,授秘书省正字;和邹象之同年生,为好友;其叔祖为著《五行大义》的萧吉,阴阳家名人。

李季卿

生卒年不详,祖籍陇西成纪,唐朝工部侍郎李适之子,弱冠举明经,颇工文词;应制举,登博学宏词科,再迁京兆府鄂县尉;

肃宗朝，累迁中书舍人，以公事坐贬通州别驾；唐代宗其间曾任吴兴（今浙江湖州）刺史，有与陆羽品茶论水的记载。

僧皎然

约720—803年在世，俗姓谢，字清昼，吴兴（今浙江省湖州）人，唐代著名诗僧，自称谢灵运的十世孙，但据《唐才子传——颜真卿传》及《旧唐书》记载皎然是东晋名将谢安十二世孙，谢灵运乃是谢安侄子；当时为吴兴杼山妙喜寺住持，陆羽好友，协助陆羽完成了《茶经》。

灵　澈

约746—816年在世，本姓杨氏，字源澄，越州会稽（今浙江省绍兴）人；云门寺律僧，驻锡衡岳寺；著有《律宗引源》二十一卷；与刘禹锡、刘长卿、吕温交往甚密，互有诗相赠，享誉当时诗坛；与皎然、陆放、李冶、陆羽亦为友。

张又新

约813年前后在世，字孔昭，深州陆泽县（今河北省深州市西旧州村）人；张荐之子；生卒年均不详，约唐宪宗元和中前后在世；曾任九江刺史，和刘伯刍等著有《煎茶水记》，为天下泉水排名。

第一章

齐物之道

前文提及，陆羽跟随邹夫子九年，学习阴阳齐物之道，并最终以茶入道，成为一代阴阳大家。因此，我们要想真正理解陆羽的《茶经》，就无法回避其理论基础——齐物之道。齐物之道为先秦道家的一种修行方法，其理论散于诸子百家的经典《庄子》《列子》《邹子》等著作中，为道门隐修人经常使用的一种修行方法。

齐物之道总论

阴阳家，是盛行于战国末期到汉初的一种哲学流派，齐国人邹衍是其创始人。阴阳家的学问被称为"阴阳说"，它将自古以来的术数理论与阴阳五行学说相结合，并进一步发展，建构了规模宏大的宇宙图式，尝试解说天象、地理、万物生长收藏等自然现象的成因及其变化法则。而齐物之道，则是古代阴阳家的修行方法之一。

所谓齐物，意即一切事物归根结底其本源都是相同的，没有什么差别，也没有是非、美丑、善恶、贵贱之分，我们可以通过"修身养性，内炼自身；外观万物，阴阳于道"，透过世间万象直指万物和世界的本质，万象万物，皆备于"我"，皆明于心，皆齐于道。

齐物之道的宇宙生成模式是这样的：道——炁——阴阳——天地——阴阳——四时——五行——万物。

而齐物之道的观物模式是：一物一太极——阴阳——乾坤——三才——阴阳——四象——八卦——万象。

人居三才中，观万象可知四象，即生长收藏之理，观四象可知一物之阴阳，明一物则可观万物，观万物可证天地阴阳之理，从而返回先天阴阳以归一炁。所谓以心观道，以道观物，知万物皆自虚无一炁中生，离我离物，破物我之五障（古人修道之五障，即烦恼障、业障、生障、法障、所知障），则万物无彼此、无贵贱、无是非、无利害、无生死，万物齐而归一。

由此可知，观物之道一般分为三个层次：

第一层：以我观物

体在天地后，用起天地先。物若离人之用，则无分贵贱好坏。皆因有了人，人又有了灵性，明白了各种物用，物才有好坏贵贱之别。

"能知万物备于我，肯把三才别立根"，观物模式之"阴阳——三才——四象"由此而来。先定我之阴阳：于"我"有利为阳，于"我"有害为阴。自古道释儒三教，于人而言，皆以纯阳为神，纯阴为鬼，阴阳合为人，而人阳多则利，阴多则病。这里的人之阴阳可以是：阴阳二炁、钱多钱少、权大权小、欢乐忧愁、健康生病、舒适难受……之类于人而言任何相反相成的两方面属性。

再定物之阴阳：于我有利为阳，于我有害为阴。于是，物之四象——生长收藏就产生了。四象立，八卦生，万象成。

反者道之用，我们反过来取用即可：根据万象而分八卦定四象，明了物之阴阳，取物性之阳者，为我所用。

这里的阴阳，并不是相互对立的，在不同的阶段，它们会相互转化，互为其根。而阴阳的取用要根据个人在不同阶段的具体情况来定，举个最简单的例子：以普通人的舒适度而言，冬天的时候，穿厚衣服暖和，厚衣服为阳；而到了夏天，穿厚衣服难受，则为阴。

同样在夏天，对一个身体健康的人来说，穿厚衣服容易不舒服且容易生病中暑而为阴，但对于像《琅琊榜》中"梅长苏"一样得了寒疾的人来说，厚衣服又成了阳。

第二层：以物观物

这一层次的齐物，抛开了"人之为用"这一前提。"目清心虚则无障，离我留位而无碍"，这一层次的齐物模式为"一物一太极——阴阳——乾坤"。"一物从来有一身，一身还有一乾坤"，我们要从观物入手，深观"物"中之先天阴阳，由先天阴阳而观"物中气灵相感相生，造化成物中万象"的道理。在齐物的修行方法中也称为内观（和道家、佛家所讲的内观有些区别）。至此，目无全物，万物有别，望去诸物之脉络分明，气灵可交可感，诸象可分可合。

举个例子，对于茶叶而言，方位为茶树之先天阴阳，时间为每年的茶叶之先天阴阳。从不同的茶叶之中，要看出茶树的方位是在阳崖还是阴林，是位于东南方还是西北方，是采于春季还是夏秋季。每片看着差不多的茶叶，内里却因"时位"之异而千差万别。

橘生淮南则为橘，生于淮北则为枳。不同时空场成就不同的水土，一方水土有一方气灵，一方气灵造化一方人和物，皆可由观一物而知全貌。

第三层：无物无我，以道观物

这一层次的齐物，其实用现代的科学原理解释最容易理解：

万物都是一堆粒子和波在振动。纳万物为一物，都是波粒之间的频率和振动。当然，古代并没有这种说法。古时这一层次的齐物模式为"万物——阴阳——天地——阴阳——炁（虚无）"。我们要从后天之阴阳返回到先天之阴阳。天地未生我已生，恍惚幽冥万物齐。

所以，齐物之道，它是一种哲学思辨，也是一种心性修养，更是一种修行之法。

我们纵观《茶经》一书，无一不是观物和玩象的比对过程，以象比物，以各种自然之象来说茶，比如，描述茶树外形的"树如瓜芦，叶如栀子，花如白蔷薇，实如栟榈，蒂如丁香，根如胡桃"；描述茶叶害处的"茶为累也，亦如人参"；描述茶叶条索的"茶有千万状……"而最终消除万象万状得出"茶与草木叶一也"的结论。从《茶经》中，我们也能粗窥一些齐物之道的观物模式。

这里还有一则陆羽论述齐物之道的小故事。

三癸亭①围炉闲话

大历八年（公元773年），岁在癸丑，湖州杼山，妙喜寺招隐院，颜真卿携陆羽、皎然、惠达等东南文士六十余人编纂《韵海镜源》，是年冬月癸亥，编纂定稿。朔二十一日癸卯，立亭于杼山东南，陆羽名之为"三癸亭"。煮上金沙水，备好顾渚茶，韵海诸生，围炉闲话。诸文人雅士对颜公之书体、陆羽之茶经、皎然之佛法皆推崇备至。

皎然曰：今之杼山，三家学子齐备矣，茶之成书，始于鸿渐，诸生品茶香水味，究入道之说。齐物之理，可得闻乎？

鸿渐曰：昔日火门山得闻，夫子曾闻祖言^②"说似一物即不中"之理。亚圣亦云"夫物之不齐，物之情也！"吾之所学，茶乎？气乎？尽物之理而矣。山巅者鲜言登山之行迹，借物修真，证阴阳之理，茶如是，书如是，万物亦如是。

惠达曰：若书之道，亦可齐物乎？

鸿渐曰：然也。习遗世之名作，以立己之书体，可谓之识常；能究字内精微，得书外磅礴之势，可谓之入微；赋字以神明变化，显生机世情，可谓之神入；书之极者，万化归一，一点灵光成字，天地纹理成文矣。

颜公：然。予幸蒙长史^③所授笔法十二意，堪称入微之学也。亦有神用执笔之理，藏锋透背，真草画沙，五年小成也。

鸿渐：齐物之道，不离方寸，工夫细密，皆在行持。

众生思之，各有所得。

僧皎然让陆羽讲讲茶的齐物之道，而陆羽认为无论是通过茶、书还是万物，都可以达到齐物，虽然路径有所不同，其实质都是"借物修真，证阴阳之理"。那么，接下来，我们就来介绍一下阴阳五行八卦的知识。

引文注：①三癸亭名字是陆羽取的，于癸丑年癸亥月癸卯日建成故以三癸为名，此亭因陆羽而建，有颜真卿《题杼山癸亭得暮字》诗"欻搆三癸亭，实为陆生故。高贤能创物，疏凿皆有趣"为证。

②"祖言"指六祖慧能的话，六祖慧能曾经在火门山（也叫佛祖山或佛子山）隐修过。

③"长史"指狂草之圣张旭，其授颜真卿笔法十二意。

阴阳五行八卦

阴阳家的哲学思想主要是道家"阴阳说"和"五行说"。阴阳和五行的思想，起源于上古，具体年代已不可考。

"阴阳说"是把"阴"和"阳"看作事物内部的两种互相消长、互为根源的力量，认为它是孕育天地万物的生成法则，这和道家所秉承的构成世界的理念"道生阳，阳生阴，阴阳生八卦，太极生万物，万物负阴而抱阳，冲气以为和"相同。

"五行说"则是由阴阳转化而来，后人用"金、木、水、火、土五种基本元素不断循环变化"的理论发展出"五行相生相克"的理念。在齐物之道中，也表现为万物的生长化收藏。

研究阴阳五行学说，可以通过天体运行的计算来制定历法，掌握世间万物生长收藏之规律。到了战国时代，阴阳说和五行说渐渐合流，形成了一种新的观念模式，即以"阴阳消长，五行转移"为理论基础的宇宙观。

阴阳

"阴阳顺逆妙难穷，二至还乡一九宫。若能了达阴阳理，天地都在一掌中。"——《烟波钓叟歌》

这首诗歌的第一句就告诉我们，阴阳顺逆妙难穷，这并不是简简单单地讲阳顺阴逆的道理，而是说阴阳在现实中的应用，就是三个层面的阴阳中相互转化，而阴阳的三个层面，分别是先后天，先天阴阳，后天阴阳。至于那些转化的技巧，才是各个门派研究的术。

第二句是告诉我们，阴阳二炁的运行原理，皆包括在节气和九宫格中了。"二至"代表的是一阳生之冬至和一阴生之夏至，而"一九宫"分别代表了坎宫和离宫，刚好是一年中冬至和夏至所属的宫位。阴阳二炁一年一个循环，被古人细分成了二十四节气。

所谓"天向一中分造化"，任何事物，只要确定了一个时间点，则一画开天，先后天由此而分。首先，先后天就是一对阴阳；而在先天阴阳中，阳化气，阴也还是化气；后天阴阳中才有阳化气阴成形的道理。而后天阴阳，又可以再分，后天中的后天阴阳，指的是事物相互对立的属性，比如，阳刚阴柔，指的就是物质的属性。

特别要注意的是，我们经常讨论的所有的先天八卦说的事都已经是在后天中说事，因为天地已立，我们讨论八个大象和先天八卦的时候，已经确定了是以地球为中心的具体应用，可以算是后天中的先天。

齐物总论中提到的齐物之道的宇宙生成模式和观物模式，也是在这三个层次的阴阳中顺逆往返。而真正的先天八卦，在先天五太（太易、太初、太始、太素、太极）的太极之前，有气有形有质但却无象无后天之形，所以我们得返回先天，才能了解万物一炁的道理。

我们举个具体的例子来说明。比如，《茶经源》这本书，如何来分阴阳？从 2020 年 10 月初开始写那一刻来分先后天：写作之前我们谓之先天，开始写作之后我们谓之后天，写之前和写之后，这是一对阴阳。

那这本书如何区分先天之中的阴阳呢？在写作之前，很早的时候,这本书的大概内容和章节布局就存在于我的思想架构中了，它在我的意识形态里是有气有形有质的，但在现实中却无象无形无质，这个阶段，可以看成是先天中之先天。那么这个意识形态中的存在，它一定能变化成为后天之实体吗？不一定。这中间讲究一个"缘"，只有"因缘聚合"了，它才能变成现在所能看到的后天的《茶经源》实体书。若因缘不足，它将在时空中自生自消，不足以化形为实体。而在我开始落笔到初稿完成这一阶段，可以看成是先天之中的后天。此时，这本书虽然还未正式出版，但其实体从内容组织、章节架构等正逐步形成。

从我把书稿交给出版方开始就成为了后天，这后天中又如何来分阴阳？那些从本书还未写作就一直存在的理念：为往圣继绝学的宏愿；恢复茶文化、茶道文化的理念；"言行一致，让大众明白喝茶"的指导思想……这些会一直围绕在《茶经源》的书写和出版后的经营过程中。它无形无象，属于先天之物，这就是后天中的先天。而其他关于这本书的出版和经营中的各种日常、人员安排、活动开展等，就是后天中的后天。

这样，三对阴阳就区分开了。而每对阴阳中，凡是某一事物中各种相克相生的属性，又可以独立成为一对阴阳。一书虽小，万象俱全。而任何一对阴阳的变化，都将对《茶经源》一书造成直接的影响。这就是观阴阳而测吉凶的由来。

关于阴阳的知识，就不再赘言。大家只要明白阴阳和能量一样，也是分等级的，有先天阴阳、后天阴阳、先后天也是一对阴阳、阴阳之中可再分阴阳这个道理即可。

五行

五行本于阴阳，散乎精象。所谓事假象知，物从数立。天、地、人各有其象和数。为了更好地解读世间万物之象数理，而在阴阳的基础上发展出了五行论。如果说阴阳是代表了死和生、消和长，五行则是生长化收藏五种状态在客观世界的表象。而生长化收藏再分阴阳，就成为了十天干。

五行与其说是金木水火土五种不同的能量，不如说是生长化收藏这五种能量的表现方式。因为生长化收藏无形无象不好理解，所以古人用金木水火土这五种实物及其属性来表达。

阴阳五行本在万物造化之先，无名无象，为万物母。五行皆资阴阳二气而生，五气并起，为让世人方便学习和运用，古人借物而立名以别，濡气生水，温气生火，强气生木，刚气生金，和气生土。形名既立，则性情形体皆为其用，隐五行体用和生克之理于其中。

木：以"阳气生发动跃"为体，而立世间春生木为名相之用；

以春生之木为体，木之名、相、性、质、数、理皆为其用也。其时为春，其方属东，其星宿为青龙象。

火：以"阳气用事，万物变化"为体，而立火之名相为用；以火为体，则炎上之性、毁物之理、日星之精、夏南之属皆为用也。火有形而无质，火气虽上行于天，却又深藏地中，故其卦中以阴爻主事。

土：以"化二气而生万物"为体，而立土之名相为用；一画开天，二以成地，地之吐生物者是为土。地中之万物皆生于土、化于土，二气未经土之化则难以为万物用也，是故古人云土得皇极之正气，含黄中之德，能苞万物。

金：以"阴气生而禁止地中"为体，而立金之名相为用。金者，居于人下，生于土而深藏地中伴土之左右。以金为体，则金之成形坚固、金属刀器之肃杀为用。其时以应阳气深潜地中、肃杀万物之秋，其方为西，类白虎象。

水：以"阴阳二气交而起一，万物终藏，亦万物始生，贵贱若一"为体，而立水之名相为用。水为五行之始，元气之会聚而成液也。地中之血气筋脉流施潜行者，中以微阳为本故擅流动，内明而含生生之力；潜陷于地中，故有陷险之意；水无常形，随物所赋，故能平准万物。

关于五行，本书只简单一提，在八卦甲子节气图中，亦可以详细列出来每个节点。前文提到的邹象先好友萧颖之的叔祖萧吉写过一本《五行大义》，书中已经做出了详细的讨论，有兴趣的朋友可以去深入研究。

八卦

八卦，见于《周易·系辞下》："古者包牺氏之王天下也，仰则观象于天，俯则观法于地；观鸟兽之文与地之宜；近取诸身，远取诸物，于是始作八卦，以通神明之德，以类万物之情。"

八卦表示的是事物自身变化的阴阳系统，它可以是八种不同的能量属性。比如，先天八卦乾一兑二离三震四巽五坎六艮七坤八，就是能量从纯阳到纯阴逐步降低的过程。也可以是同一种能量的八个状态，比如，后天八卦所代表的风和水的八种状态。

就以坎为水来举个例子：

坎遇乾：是周而复始、川流不息的水；

坎遇兑：是地下泽水；

坎遇离：热水，附丽之水；

坎遇震：动的水；

坎遇巽：无孔不入之水，线状细水；

坎遇坎：坑中水；

坎遇艮：蒙水，山中水；

坎遇坤：静水，泥中水。

还可以是同个状态下的八种能量：比如，坎代表收藏的状态下的八种不同能量。

我们仍然以坎为水来举例说明。

坎代表收藏或陷的状态。

坎遇乾：收藏的是阳金刚健的能量；

坎遇兑：收藏的是不足有损的阴金能量；

坎遇离：收藏的是外表靓丽内中空的能量；

坎遇震：收藏的是震动的能量；

坎遇巽：收藏的是无孔不入的能量；

坎遇坎：收藏的是外柔内刚或深陷其中的能量；

坎遇艮：收藏的是静止而又高高在上的能量；

坎遇坤：收藏的是静止而柔顺的能量。

需要注意的是，举这些简单的例子只是为了方便大家对八卦的理解，未必就是最合适的解释。

而当气代表能量，灵代表信息，气灵相感而有形的时候就可以成为六十四卦。八卦可以是气，也可以代表灵，同时还代表气灵相感的状态（不同属性的能量）。六十四卦也同样如此。

当人们做研究的时候，可以把气、灵相互分开代表。但当引之为用，"爱有奇器，是生万象，八卦甲子，神机鬼藏"之时，气灵是无法分开的。无论是五行还是八卦，人用之时，都是代表"有能量的信息"，或者是"有信息的能量"。

我们具体来说一下八卦的类象。三维空间，用三个爻是最合理的，而且同时符合了三才的道理。最初，道生一，天地分之时，只有一维空间。只有一个爻，阳爻，一爻动而成两个卦。阳成气为天，阴化形为地。这就是"道生阳，阳生阴，乾坤为天地"的来源。

当两仪变成四象的时候，只是二维空间，两个爻，四个卦。这在丹经里叫"天地定位，日月为易"，这个时候没有水火山泽风雷。有了日月之后，地球有了时空的概念，才有了日出日落，寒来暑往，春夏秋冬的变化。地球上万物的造化源于日月，所以叫日月为易。这也是在后天立卦时以日月（坎离）为主的原因。

关于天地和日月的解释，在丹经中有很多，比如，《灵宝毕法》[①]的匹配阴阳中就详细解释了阴阳、天地，以及阴阳二气的运行速度和时间。其实这就是梅花易数中的应期起源，最本源最简单的应期来源。而"日月成易，造化万物"的解释，在《周易参同契》中也有明确的说明，特别是在云阳真人朱元育解释的那一版中。

到四象生八卦的时候，才有了三维空间，因为日月的作用，产生了天地万物。而天地水火山泽风雷八个大象才完整地出现。天地是一维空间里的象，水火是二维空间中日月的延伸象。

我们再来看剩下的四个大象：

巽为风，地上动。那一阴爻，来自阴成形的坤，也代表了坤地，上面两个阳爻是化气。简单地说，地上的一切气全是风，所以可说是地上动。凡是空的地方，哪怕是真空也都有风。是故风无孔不入，巽为入的延伸象也来自于此。

兑为泽，地下动。凡是大地之内收敛的阳气，都是兑卦，叫泽。万物生长都靠阳气，所以泽被万物，悦万物就是因为兑卦是代表地中潜藏的阳气。到了秋天，阳气就开始在大地中潜藏，所以兑卦也代表了秋天。

震为雷，天上静，作为动的天被静化形镇压。用现在的天象

注：①五代后汉钟离权著作。

解释是因为天上云层（静）摩擦（动）产生的雷。浅显的理解也可以认为地本来顺天而行，现在却要镇压天，所以引发了震动。

艮为山，天下静，凡天下面静的成形的又高起的全是山。艮为山，停那，也阻那。延伸为止万物。

因此，先天八卦的产生过程，要符合先有阴阳，后有天地；先有天地，后有乾坤；先有天地，后有日月；先有日月，后有坎离；先有天地日月四象，再有天地水火山泽风雷八象八卦，才生万物。

关于八卦的成象规律，其实也有两个层面：

第一个层面，是指单卦的成象，不论时间、地点，不要外应，只单个卦成象的道理。比如，上面说的这些大象就是这样。

这个层面的成象规律主要有三条，也是最原始的三条：1. 先天象要符合阳动阴静，阳化气阴成形的道理。2. 后天象要符合阳刚阴柔的道理。3. 卦画的本象（指卦的图象，比如乾三连、坤六断、离中空等）。

天之法，以类遥相应，物皆各从其类。然后根据类比，类出来万象。各种象，不断生灭，但只要了解了这些简单的规律，并符合这些规律，基本就不会出大错了。

第二个层面是指用的时候八个卦的成象规律，即气灵相感而有形之形象，这涉及到六十四卦之用，在此就不展开阐述了。

总而言之，关于卦，最重要的就是象，因为理数不可见，皆从观象中推。而象的形成，自然符合理数。比如，兑为损，不是先天象，是后天象来的。乾坤生六子，乾体被破生巽离兑，乾体是完整的，被破则为损。从这个意义上讲，巽离兑都是有损的意思的，看卦象，兑上缺，离中空，巽下断，哪个不损？这三个卦的主爻，都是阴爻。所以，如果碰到这样的卦，在阴气为主的前提下，都可以定为损。而当阴爻代表大地的时候，就说明阳气潜伏在地下待时而动，正如秋天，阳生之气被阴消之气所压抑。阳气潜伏在地下（阳动而虚），就成了泽。所以才能泽被万物。

我们在学习的时候，要遵从"有理斯有数，有数斯有象"的先天之理；而我们在观物的时候，运用的是"因象而推数，因数而推理"。卦，只是工具，是象、数、理之间的桥梁。

八卦甲子，二炁运行

我们把八卦甲子结合到一张图里：

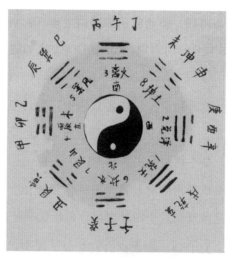

八卦甲子图

这张图，只要是想学先秦道家文化的都要无条件地记住。所谓一物一乾坤，只要指定一物，或是一个时间段，那么其生长收藏的周期都适用于这个图。

图中白色的代表阳炁生长，黑色的代表阴炁收藏。因为一物一乾坤，所以，阳炁也可以有自己的生长收藏，而阴炁，也有自己的生长收藏。

这个图表现了天地阴阳二气的运行原理：从一年来看，冬至一阳生，阳炁在冬至子之半始生，沿丑寅卯巳左旋上升，一直到午之半，为夏至一阴生，然后阴炁顺未申酉戌亥一路右旋下降。

从一天来看，子时到中午十一点，是阳气从生到成长到极致而生阴的过程；从中午十一点到夜里十一点，是阴气从生至极致而后生阳的一个过程。

阳气负阴而上升，阴气抱阳而下降，这一升一降、周而复始就是天地之道，就是天地二气的运行规律了。

天清地浊，天动地静，天阳地阴。天为阳，阳道左旋为生长之炁；地为阴，阴炁右旋为收藏消杀之炁。是故天道为阳、左旋为顺，地道为阴、右旋为逆。而后面提到的星辰和地理，亦要符合这个道理。

二十四节气和星象

　　二十四节气，是干支历中表示自然节律变化以及确立"十二月建"的特定节令。它最初是依据斗转星移制定的。北斗七星循环旋转，斗柄绕东、南、西、北旋转一圈，为一周期，谓之一"岁"（摄提）。每一旋转周期始于立春，终于大寒。现行的"二十四节气"是依据太阳在回归黄道上的位置制定，即把太阳周年运动轨迹划分为二十四等份，每15°为一等份，每一等份为一个节气，始于立春，终于大寒。

　　无论是"斗转星移"还是太阳周年运动轨迹，这都是象。隐藏在这天之大象背后的，就是不可见的阴阳二炁运行原理，天地不自生，随阴阳二炁运行而生消。

　　古代二十四节气经过多次更改，最早是根据冬至一阳生为一年之始的。司马迁《史记·律书》中记载："气始于冬至，周而复始。"阴阳二炁一升一降一个循环，刚好就是一个回归年。

　　那为什么会产生"阳气升无可升，阴气降无可降"的现象呢？这涉及到一个先后天阴阳的转化规律。就万物的生长收藏来说，我们把"冬至一阳生"的"阳"和"夏至一阴生"的"阴"，称为先天之阴阳，这时候的阴阳才符合"阳气上升，阴气下降"的道理；而万物的"一岁一枯荣"，由发芽而壮实，再到枯萎而凋零，我们称之为后天阴阳，这时候的阴阳是"阳刚阴柔"。所以，当先天的"阳"全部转化为后天的"阳"，就是万物最茂盛的时候，而此时先天清阳化尽，升无可升，后天阳极而导致先天之一阴生。"炁"由阳升开始转为阴降，直到"真阴"耗尽化为万物之"藏"，就刚好是冬至，又开始了"一阳生"的循环。

这个二炁的循环和八卦甲子相结合，以八卦的中"爻"来标记炁的运行时间，就产生了节气。二十四个爻，刚好对应着二十四节气。"冬至子之半"指的不是冬至那天的"子时过了一半"，而是指冬至一阳生时刚好炁行坎卦的中爻，而坎卦居"子"位，属北方，上应玄武七宿。

根据阴阳二炁生长收藏的原理，二十四节气可以分为不同的节点：

二十四节气图

第一，阳炁和阴炁的生长收藏分别可以细分为十六个节点：生生、生长、生收、生藏、长生、长长、长收、长藏、收生、收长、收收、收藏、藏生、藏长、藏收、藏藏。这样一共就有了三十二个节点。

第二，根据阳极阴生和阴极阳生的道理，有一些节点会重合，也就是四立、二至、二分这八个节的由来：比如阳生生和阴藏藏节点重合为冬至，阳生藏和阳长生的节点重合为立春，阳长藏和阳收生的节点重合为春分，阳收藏和阳藏生的节点重合为立夏，阳藏藏和阴生生的节点重合为夏至，阴生藏和阴长生的节点重合为立秋，阴长藏和阴收生的节点重合为秋分，阴收藏和阴藏生的节点重合为立冬。

这样，阴阳二炁运行的各种节点就产生了二十四节气。地球上植物的生长收藏就是根据阴阳二炁的生长收藏来进行的。

古人为了方便民众观天象以授农时，把依据阴阳二炁运行来制定的规则，改成了根据古代中原大地随处可见的北斗七星斗柄旋转指向（斗转星移）来制定。即所谓的"斗柄指东，天下皆春；斗柄指南，天下皆夏；斗柄指西，天下皆秋；斗柄指北，天下皆冬"的星象规律。而在古老的文化体系中，干支时间和方位以及八卦是联系在一起的。一个图就囊括了阴阳二炁的运行及其和时间、方位（立体）甚至星象的关系。八卦甲子，神机鬼藏，无非如是。

天有分星，地有分野

　　古人以十二星次的位置划分地面上州、国的位置，使天空中的星宿与地面上的州、国、山川相对应。就天文来说，称作分星；就地理而言，称作分野。这就是所谓的分星和分野。

　　古代的文人和现代学者不一样。在古代，"天文地理，观星望气"是学者必备的知识。顾炎武在《日知录》中有语为证："三代以上，人人皆知天文。七月流火，农夫之辞也。三星在户，妇人之语也。月离于毕，戍卒之作也。龙尾伏辰，儿童之谣也。"而今之教授学者，研究天象分星者寥寥，分星分野问之则茫然不知，至于"观星望气"，已经直接被打上了迷信的烙印。

　　星象天文，到了盛唐后发展更加迅速，出现了大量的传世典籍，比如，丹元子的《步天歌》、李淳风的《乙巳占》、李淳风之父李播的《天文大象赋》、瞿昙悉达的《开元占经》、道家天师司马承祯留下了《天地宫府图》。

　　而这类知识在诗歌骈文等作品中也大量出现，比如：王勃就在《滕王阁序》中写出了"星分翼轸，地接衡庐""龙光射牛斗之墟""天柱高而北辰远"的美文；一代明皇李隆基留下了"俯察伊晋野，仰观乃参虚""吴国分牛斗，晋室命龙骧"的诗句；而像王珪《赋得蜀都》中的"列宿光参井，分芒跨梁岷"和虞世南《赋得吴都》里的"画野通淮泗，星躔应斗牛"也包含有星象天文的内容。像李白、杜甫、白居易等著名的诗人，也留下了不少与星象相关的诗句。

那么，作为"出于羲和之官，敬顺昊天，历象日月星辰，长于敬授民时"的阴阳家邹衍后人的邹象先，他在星象和分野方面又教授给陆羽哪些知识内容呢？我想大概包括三个方面的内容：

星宿和地理、人事的联系及其理论基础

古人对于天和星辰的理解与现代人不同。古人眼中的天，是不一样的天，古人眼中的星辰，也不仅仅是星辰。他们认为，每颗星辰的形态、位置、运行方向等都与地理和人事密不可分，所以就发展出了观天象而授农时和观天象而知吉凶两大方向。

观象授时离不开观北斗七星和北辰的关系，具体还要考虑星宿的分野优劣；观象知吉凶则离不开星辰的具体分野方位和相关星辰所对应的农时人事。那他们是怎么将星象与农时及人事相联系的呢？

首先，我们来看看，什么是星？法家创始人之一，也是稷下学宫中最具影响的学者之一（邹衍也是稷下学宫最具影响力学者）的慎子（慎到）对"星"下过这样的定义："体生于地，精浮于天者谓之星。"东汉时期著名文字学家许慎在《说文解字》中的解释是："星，万物之精，上为列星。"

所以，很多古人认为，星辰地生，就是说星辰最早出现的原型是在地上的。司马迁认为星是"阴阳之精，气本在地"，班固在《汉书·天文志》里进一步加以阐释："星者金之散气，其本曰人。"曹魏时期的学者孟康作注："星，石也。金石相生，人与星气相应也。"金生于石，金是石的精气，精气上升于天便成了列星，所以列星含有石的属性，而星的根本又在于人，人与星的气是相应的，它反映了"地上一个丁，天上一颗星"的传言。这同样也是陆羽在《茶经》中做出的"上者生烂石"这一论断的理论基础。

我们由前文提到的齐物之道的宇宙生成模式可知，阴阳家认为后天的天地、星辰、人和万物皆由先天之炁分阴阳所化生，即星辰、地理和人体的本源是一致的。因人之为用，地分四方，物分四象和八卦，而天空星辰亦可分四象八卦。同气相求、同频共振，物之法，以类遥相感。所以，阴阳家认为可以根据天象而授农时，亦可以根据天象而知吉凶。

分星分野的标准及星宿分野的发展阶段

通过对第一部分内容的分析，我们能得知阴阳家分星和分野的标准是：同频同气，以类遥相感。

历史上的星相分野，有三个发展阶段：

第一阶段，先秦时期大多以四象来分，以东方青龙为首。所以，人们常说紫气东来，东方青龙所对应的地理和人事，皆以吉为主。

第二阶段，秦到隋末唐初，有人以十二星次之星纪为首。即以艮位丑宫为首，所以在这个时期，牛宿的分野就成了最佳之地。

第三阶段，唐之后，一般以十二地支为序。子鼠排第一。而相，与二十八星宿中的虚日鼠气场相感的分野，就成为洞天福地之首，虚日鼠代表冬至一阳生，接着就是气临女宿，女宿之分野，就成了最适合万物生长之地，也是洞天福地最多的分野。司马承祯的《天地宫府图》和杜光庭的《洞天福地记》，就是星相结合这个地支和八卦图来排的。

所以说，"八卦甲子，神机鬼藏"。道理至简，但实践至难，要的就是观星望气，气场感应。

史上有一段时间，星象研究者是以陕西的西安、宝鸡一带为中原的中心的。而后来，又有一些星象研究者，认为当以河南洛阳、郑州一带为中原的中心。两个中心，三个标准，自然就产生了至少六种以上的分野记载。

具体的二十八星宿和中国地理山脉的分野，我们会放在本文第四部分的《顾渚山记》论山水次第中列出，因为内容直接涉及陆羽对山水次第的品评。

诸星在地之分野的优劣标准

我们知道，三十六洞天七十二福地是有排名的，就是说先分洞天和福地，然后在洞天和福地中再排先后。那么，这种排名又是根据什么标准呢？

以人观物，当然是根据对人体修行的利害程度来排行。对人体的利害程度主要参考上面的八卦甲子图。

古人修行，皆以纯阳神仙为上，纯阴成鬼为下，而天动气清阳，地静气浊阴。所以，天气胜地气，生长之气胜肃杀之气；天有阴阳，天之阳胜天之阴；地有刚柔，地之刚胜地之柔。同气之内，阳气旺胜阳气衰，阴气弱胜阴气强。

比如，冬至日子时一阳生，此时此方之至阳天气最为纯粹和旺盛，随后此阳气被万物所用虽万物亦有返，但阳气已经不够纯粹而渐弱直至一阴生（先天阳气逐渐减少，后天阳气逐渐增加，直到先天真阳耗光，后天阳气盛极而先天真阴生）。所以，与冬至一阳生相对应时方的星辰气场相对应的分野，列为第一洞天。

这里要注意的是，前面提到过因斗转星移而产生阴阳的转变：先天阳气上升，阴气下降；后天阳成形为刚，阴成形为柔。冬至和夏至产生的阴阳二气为真阳真阴，为先天阳气和阴气，所以它能上升和下降。随着时移事易，先天阳气和阴气就会逐渐转化为后天的阴和阳，先天之气转化完后就形成了升无可升、降无可降的局面而出现了反转。先天阴阳和后天阴阳就这样不断地相互为根、相互转化。

我们可以发现，所谓的先天阴阳，只是针对每年万物的生长收藏而言的。而地球上的方位确定阴阳，比如阳崖阴山，还在斗转星移产生的阴阳之先。

这正是：先有阴阳后有天，天地又在阴阳前。若能绕明阴阳理，象数皆入掌中田。

齐物四境的修行

　　齐物是春秋战国时期老庄学派的一种哲学思想，以庄子的《齐物论》为代表。而鲜为人知的是，齐物还是道家一种切实可行的修行方法，其核心在于"借物修真"，以明物理而窥天理。齐物之道把立身之法和修行之道相结合。修行齐物之道者，只要入门，皆可为世间三十六行某一方面的大家。因此，可以说修齐物之道既是修道者的兴趣，也为其提供了在社会上的立身之本。

　　据我在火门山陆子读书处所知，齐物之道，是从观物开始的。琴棋书画酒茶香，天下万物皆可观。因为本书是对陆羽《茶经》的溯源，在此我会用茶叶来类比，而在现实中修行齐物之道，可以随自己所好而选一物。比如，喜欢画画的选择画，喜欢书法的选择字帖，喜欢中医的可以学神农学李时珍观百草，喜欢音乐的可以观曲……

　　修行齐物之道，根据修行的程度层级不同，通常可以分为识常境、入微境、神入境、归一境这四个境界，以下将一一进行介绍。

一、识常境

识常，顾名思义，要识得天下万物的常形常态，还要识得一物在不同时间、不同方位的常形常态，知常方能明。"以明"也是庄子《齐物论》中的一种修行方法和境界。明理、明己、明神、明物、明道，是非皆明，以达"神明而物齐"。

要知天下万物之常，先要知一物之常。比如，茶叶为一物，天下人皆识得。可是，能识别在不同时间、不同位置采摘的茶叶，天下能有多少人呢？

任何一个修行齐物之道的人，只要知常境大成，在其所观之物的行业内，必然是名列前茅的佼佼者。就茶叶而言，本人近十年所拜访过的茶农、茶商、茶人、制茶师、茶艺师为数众多，但是能达到知常大成者却是万中无一。只有一位友人，勉强可以算一个。不过，他并不是因为修行了齐物之道，而是因为祖上有传下来的识茶口诀，加上他对茶叶理解的天赋不错，还曾到处拜师学辨茶之道，才幸运地撞入了茶道的知常之境：他辨识各种茶叶，从来不用喝和品，也很少闻和摸，只用眼睛看看就可以了。

而说到修行知常之道，我们先来看一段南怀瑾先生在《我说参同契》中提到的故事：

他还告诉我："哎，你也不要来求什么，我也没有道，也不懂剑术。你啊，眼神不要那么露，年轻人眼神要收敛。你会不会看花呀？"

"花怎么不会看？当然会看呀！"

"唷，你不会看花的！"

我就问："那要怎么看？"

他说："一般人看花，看任何东西，眼睛的精神跑去看。错了！要花来看你。"

我说："花怎么来看我呢？"他说眼神像照相机一样，一路照过去，把花的那个精气神吸到心里头来，那个时候他不讲脑。花、草、山水、天地的精神用眼光把它吸进来，不是拿我们的精神去看花，要把它们的精神吸回来。

的确，观物之道的部分真谛就藏在这个小故事中了，相信这个故事很多人都看过，但真正能理解并实践起来的人肯定寥寥，因为还是不明白具体练习的方法。

那么，就需要更加详细具体地讲一下：物的精气神在哪儿？怎么吸进脑中来？精化形，气以形存，气满神足。所以，第一步，是要把物之形摄入脑中来。人的眼睛就是照相机的镜头，人的大脑就是胶片，就是存储器。接着问题来了，快门在哪儿？怎么按？

我们平时要发射一个念头，要凝神并提气沿督脉上升入脑；反之，我们要收回一物的精气神，则可以凝神，气循壬脉而降，以神识使物形随气降而动，当气入丹田或说炁穴，物形则进入我们的大脑。然后，我们可以闭上眼睛，屏气凝神，认真回想那物之形状、颜色及吸引人的原因等。这样反复练习，直到闭眼就能让此物在我们脑中或印堂前清清楚楚、明明白白地显形。

我们可以在白纸上画个小黑点挂到墙上，来反复进行这样的练习。直到在任何地方，哪怕没有实物在，只要意动，那白纸、黑点能清楚地显示就行。

当初陆羽学习观物入门，用的就是茶叶。当他学艺有成后，离开师父下山到了乌程，就使用观物之法，把各地各时之茶，收回心中，聚众茶叶之象而成书册……

所以，这一境界叫识常，而不是知常，因为除了回光返照、精神内守之外还暗藏了一个让我们的"神识使用为常"的秘密，这也是一种神识锻炼的法门。

前面讲观物之道时我们提过，观物有三个层次，而这修行法中有四境。每境也有三个小层，四境十二层，对应着十二地支和十二星次。

如果以观茶论"识常"中的三小层，那就是先要识"我"，再要识"茶"，还要"识"为常。能化现实中的茶叶之象为心象而入门，能把各类茶叶象在心中成书，是为"心书"，书成则"识常"亦大成矣。具体讲的话，可以这样来理解：

观茶"识常"第一层：以我观茶。这自然是以个人的喜好而论，在这一层，要先找到自己真正喜欢的茶和口感，不受他人（各地制茶师、茶艺师及身边的朋友）的引导，不受媒体和各类书籍的影响。准确清晰地认识自己的喜好，让外物之好坏因"我"而定。

观茶"识常"第二层：以茶观茶。跳出"我"之主观，拿茶叶和茶叶相互对比。比如，拿同一地方的春茶和夏茶及秋茶来对比观。再用不同地方的，比如名山的和周边的山脉的茶叶对比观。然后取同一时间的各大名山各地名茶来观，很客观地建立起茶叶优劣的体系和标准。

观茶"识常"第三层：无我无茶，以道观茶。到了这一层，不但了解了茶叶的基础特性，了解了阴阳五行的理论基础，甚至还了解了天地二炁运行的基本原理。这时候一眼望去，看到的不再是茶，而是茶叶中所蕴含的炁。炁以形存，可以完全清楚什么形能存什么样的炁，什么样的炁会导致茶叶长成什么样的形。当然，在这一境，观的是以形为主。所以不用达到观炁，只要明白什么样的炁能存在什么样的形中，观形而识炁即可。

至此，观茶"识常"的境界大成，遇茶而观之，意引念导，茶中之形和炁自然与你脑中之形和炁同频而共振，摄物入脑中来。世间茶叶的好坏，就能识得个十之八九，完全可以和在茶叶中浸润数十年的老茶师坐而论茶。

二、入微境

微字的本义是隐秘的行为或细小精微，藏匿、隐而不显。观物入微，就是要深入事物的细微之处，发现那些藏匿很深、隐而不显的东西。

这个层次的观物达到大成的标准有两个。第一个标准是向外的，外观，能观测到事物的脉络及其中精微物质的流动；第二个标准是对内的，内观，能观到自己体内的五脏六腑、经络血脉中的气血流行。到此，已算踏入修行之门。

观外物的入微有一个修炼的小方法，就是有人用来治疗近视的观绿色植物的小法门：

找一盆绿色植物比如茶树盆栽，放在桌上，根据自己的情况调整和双眼之间的距离，然后聚精会神地盯着看，直到双眼发酸流泪不止依然继续……功夫到了，自然会发现茶叶的各种细微之处。

大家觉得这种方法是不是很简单，还有点儿似曾相识？这就是《列子》中的"纪昌学射"的小故事："……飞卫曰：'尔先学不瞬，而后可言射矣。'纪昌归，偃卧其妻之机下，以目承牵挺。二年后，虽锥末倒眦，而不瞬也，以告飞卫。飞卫曰：'未也，必学视而后可。视小如大，视微如著，而后告我。'昌以牦悬虱于牖，南面而望之。旬日之间，浸大也；三年之后，如车轮焉。以睹余物，皆丘山也。乃以燕角之弧，朔蓬之簳射之，贯虱之心，而悬不绝。以告飞卫。飞卫高蹈拊膺曰：'汝得之矣！'"

在有心人眼中，故事往往并不只是个纯粹的故事，很多古人的心法和练习方法，就隐匿在其中。"先学不瞬，再视小如大、视微如著"这就是学射的关窍和法门，没有什么技巧，但却是要下苦功夫的。大本领着手都在细微处，纪昌花了五年才达到入微，可他离神射的境界还很远。

相与之对应，观茶入微境也有三个层次：

第一层：以我观茶入微。这样就能发现各种茶叶的细微之处，比如，同一块地方，早采一天的茶和晚采一天的茶有什么区别？同一地方同一天采的茶叶，山高一点和山低一点有什么细微的差别？同样的品种在同一片山，山的阳面和山的阴面又有什么区别？观茶日久，功力渐深，这些细微之处就自然而然地体现出来了。

第二层：以茶观茶入微。这层次的入微，已经能直接观到茶叶内部的变化，可以观察出各地茶叶内部的细微不同。比如，同样的春茶，西湖龙井、大佛龙井和其他各地的龙井，其内部细微处有什么变化？或在更大的范围内对比，比如，龙井、普洱、大红袍、福鼎白茶等茶叶内部经络有什么区别？

第三层：无我无茶，以道观茶的入微，是望气。每一物，都无时无刻不在向宇宙发射出各种气场，不同层次的能量气场显示出来不同的颜色和波动。到了这一层次，不用观茶，只要观茶外之气，自然明白茶叶的内涵。

这里有个特别要提醒大家注意的地方，很多人在练习的时候，可能会略过识常的修炼，直接就从入微的方法着手，这是绝对不建议的。要知道，很多人就算练习"识常"的小技巧，也是在练习卯时闭气、匹配阴阳和睡功或三才步之类一年后才开始的。

在进行 "入微"的修炼活动时，要聚精会神地观外物，这个修炼的过程中需要屏气凝神，那就说明在凝神的过程中会消耗气，所以先得有足够的气才行。而"识常"中练的就是把物的"精神气"收回来，炼神识。所以，只有在炼过神，会把精气神收回来的时候，才可以轻松进入到第二境入微的练习。

三、神入境

神入，在现代心理学有个对应的名称，叫共情。心理学范畴的共情是人本主义创始人罗杰斯提出的，是指体验别人内心世界的能力，包含三个方面的含义：1.心理咨询师借助求助者的言行，深入对方内心去体验他的情感、思维；2.心理咨询师借助于知识和经验，把握求助者的体验与他的经历和人格之间的联系，更好地理解问题的实质；3.心理咨询师运用咨询的技巧，把自己的共情传达给对方，以影响对方并取得反馈。

显然，心理学的共情针对的是人。而齐物之道中的神入，针对的是物、是万物，不仅包括人和动植物之类的有情众生，甚至还包括山石水土等无情众生。可以说，神入完全超越了心理学层次的共情。如果说入微是去其表象，以神识感其气象的话，那么，神入则是以元神解读物象中所承载的灵（信息）。

所以，神入，指的就是我们的精神能和物的气灵场交互，能理解有情众生的情感、思维，能解读无情众生中所隐藏的信息、属性。

就观茶而言，达到神入境界后，人的精神就能和茶叶相交互，能感知每片茶叶的经历，知道在这片茶叶上发生的故事，从出生成长环境、采摘过程到制作成品又进入了杯中……

而人之制物，自然也会留下人的精气神。所以很多人会说，古人留下的文字、书画、古董……它们都是有生命的。因为制作的人留下了很深的感情并投入了很多的精气神，而它们又经历了人世浮华和沧桑……只等有缘人来解读。

如果说识常和入微，是心象和心书的形成过程，到了神入，则气灵相感而有形，物中气灵能在心中自成一界，也叫心界。而古人炼法器的过程，往往是在这一步中大成，器自成一界，而能与人相感。从识常、入微到神入这三层，是从精（形）到气、再从气到灵的过程，观形识常，观炁入微，观灵入神！

从形象到心象，再到心书心界，亦是一个从客观到主观的神识锻炼过程。我们把引起人的思想或感情活动的具体形状或姿态叫做形象，比如一些生活图景，又比如茶叶的照片。而心象，是经过人的主观意识加工变形在脑中虚构产生的形象，比如一提到某种茶叶，你的脑中就闪现出该茶叶的具体形象。而当你的心象足够丰富，则可聚而成册，是为心书。当心书中的象能和具体的信息（灵）相结合，并能随着信息的变化而变化，能和外象同频而共振，心内气灵相感自成一世界，是为心界。

至于观茶神入境与其后的观茶归一境的三个层次及其修炼方法，在本书中就不加以介绍了。原因在于这两个层次的修行对人的要求特别高：神入外物则代表着要出神，要出神则代表着容易耗神，说明至少得会精神内守、养神有成才可以神入。这对心性方面的要求就很高，很多人被神入的境界所诱惑，往往忘记自己的能力还不足以承载过多的运用。

举个例子，大家都知道颜回早逝的事，在东汉思想家王充所著的《论衡》卷四"书虚篇"中讲了这样一则传言。

传书或言：颜渊与孔子俱上鲁太山，孔子东南望，吴阊门外有系白马，引颜渊指以示之曰："若见吴阊门乎？"颜渊曰："见之。"孔子曰："门外何有？"曰："有如系练之状。"孔子抚其目而正之，因与俱下。下而颜渊发白齿落，遂以病死。盖以精神不能若孔子，强力自极，精华竭尽，故早夭死。

王充认为这种说法是虚假的。而在此引用此篇，只是为了告诉大家强行使用精神的危害。如果没有做到精神内敛，却太过耗用精神容易导致很多严重的后果。所以，大家一定要"心性更纯粹，业务更精进"，拳高不出，术强莫用。以术验道，更好地修身养性。

四、归一境

归一境，即望穿虚幻，识得一切事物归根结底都是相同的，没有什么区别，也没有是非、美丑、善恶、贵贱之分。它不同于佛家所说的"因有差异而无分别"，而是通过观物看穿世界的本质、了解宇宙的本源。这也是古人苦苦追寻的终极真理。

我们上面说过，阴阳家的宇宙观，是一切皆由道化生，道生一，一化万物。而万物又归一，悟万物一炁而入于道，合于道，全于道。

《茶经》中通过对天下众茶的观察，得出了"茶与草木叶一也"的结论，此为第一层次的归一。第二、第三层次的归一，本书就不多说了，毕竟本书主要讲的还是茶叶。

前面提到的观物中每个层级，相对应的都对修习之人的心态有一定的要求。一个心态不好的人，如果突然能看到各种"幻象"，姑且以幻象称之吧，那会带来怎样的后果是很难预测的。所以，古之学者，都把"心性更纯粹"当作重中之重，切记。

小结

　　齐物之道这一部分，是理解陆羽《茶经》中的各种论断的理论基础，所以，神入和归一境，本文刻意规避了很多和茶叶、茶文化不相关的内容。齐物之道，是一个从找到自我到忘我的过程，也是一个从眼中有物到心中有物再到心无一物的过程，它始于观象，终于无象，故能随心所象。但是，我们要知道，越简单的道理，越容易懂得，也就越难去实践。要摄物入内，无中生有；要由简化繁，聚象成册；要气灵相感，神入心界；要无物无我，化繁归一……

　　翻阅五岳之图，自以为知山，却不如樵夫一足。山中人不信有鱼大如木，海上人不信有木大如鱼，井蛙不信有海……其实只要走出去看一看，亲眼见证过就会相信了。传统文化的学问亦如是。对于一种文化，我们不能迷迷糊糊就去相信，也不能一叶障目而全不信，应该自己走出去，根据日出日落、春夏秋冬等自然界的道理去实践、去体悟。

　　就如陆羽，在追随邹夫子九年学成下山之后，结交了很多志同道合的好友，一同拜访各地的名师，经过长期的修行和体悟，最终以茶入道，建立了自己的知识体系。

　　下面摘录了一则陆羽求道的小故事，以飨读者。

茅山问道

759年，颜真卿充浙江西节度，闻含光至德，洁慕玄微，专使致书。李含光（玄静先生）与羽师有旧，陆羽、皎然、灵辙等同往。

是日，众人见礼毕。陆羽曰：邹师曾言先生随道隐真人①习得存神之法，可得闻乎？

玄静先生曰：昔上清初祖紫虚元君②得清虚真人③降授"神真之道"《黄庭经》，留世存思之法，存思百念视节度，可用存思登虚空。可存思身内诸神，亦可存思身外之物。存神之法，积精累气以为真也。内炼者，吐纳导引，固精养气，神不外驰；外修者，食太和阴阳气，以物养我也。

陆羽曰：存思身外之物，大略如何？

玄静先生曰：天地万物，有名则有象，有象则有阴阳。存思之道，皆以无中立象以定神识。于阳升之时，存阳升之物象；于阴降之时，存地中成形之物象以应之。

陆羽曰：何谓太和阴阳气？

玄静先生曰：经云"万物负阴而抱阳，冲气以为和"，太和者，和之至也。阴与阳和，气与神和，时与位和，法与境和也。其为万物所资始，源于北辰之天也。

灵辙曰：存思之法已知之以神，回光返照，神不外驰，可得闻乎？

玄静先生曰：人之所以无法回光，在于识神连起攀缘也。常人眼光随物空落，至人"泰山崩于前而色不变，麋鹿兴于左而目不瞬"，回光返照，神不外驰，更在心性修持。

先生捧茶而饮，曰：汝闻茶香否？

灵辙等众皆凝神听先生语，答曰：未曾闻。

先生笑曰：汝可知知，吾声在，茶香亦在，何以未闻茶香而闻吾声？识神攀缘过矣。神独内敛不外驰，则知吾语，知茶香，知山水自然天地众声，然独知尔，目不空落，耳不随声，意不动则神自守。予曾隐于少室山中，遇达观子④，得闻阴符三百，阴符言：心生于物，死于物，机在目。目者，非独眼焉，心目也，天目也，神目也。

皎然曰：贫僧曾读鸿渐齐物之道观物之法，与先生之教，相类也。知先生再造真经，异于内外丹道之法，何道可致如此？

先生曰：真经乃上仙授予东晋羲和⑤，为三奇之首，亦为上清诸经之首，以存思、诵经为本，亦重咽津服气，微祝书符。人若能以神驭气，形神合一，诵持玉经，咽津服符，可致天真下降与兆身中，神气混融，是谓回风混合，天地气交，形神俱妙，与道合真，故可致长生也。

皎然曰：禅宗亦有诵经为本，求顿悟之道。有口无心焉？聚精会神焉？

引文注：① "道隐真人" 指司马承祯。

② "紫虚元君" 指上清派第一太师魏华存。

③ "清虚真人" 指王褒王子登，十大洞天之首王屋山的管理者。李含光曾经在王屋山向司马承祯学道。

④ "达观子" 指李筌，其在嵩山虎口岩得《黄帝阴符经》，同一时期，李含光于少室山隐修。

⑤ "羲和" 指东晋杨羲，上清派创始人之一，史传他最早获得《上清大洞真经》。

先生曰：知经焉？知神焉？会于内焉？会于物焉？专一得一神自会，虚身虚心引天真。

第二章

《茶经》本义

一之源

原 文

茶者，南方之嘉木也，一尺二尺，乃至数十尺。其巴山峡川有两人合抱者，伐而掇之，其树如瓜芦，叶如栀子，花如白蔷薇，实如栟榈，蒂如丁香，根如胡桃。

其字、或从草，或从木，或草木并。其名、一曰茶，二曰槚，三曰蔎，四曰茗，五曰荈。

其地，上者生烂石，中者生砾壤，下者生黄土。

凡艺而不实，植而罕茂，法如种瓜，三岁可采。野者上，园者次；阳崖阴林，紫者上，绿者次；笋者上，牙者次；叶卷上，叶舒次。阴山坡谷者，不堪采掇，性凝滞，结瘕疾。

茶之为用，味至寒，为饮，最宜精行俭德之。人若热渴、凝闷、脑疼、目涩、四肢烦、百节不舒，聊四五啜，与醍醐、甘露抗衡也。

采不时，造不精；杂以卉莽，饮之成疾。

茶为累也，亦犹人参。上者生上党，中者生百济、新罗，下者生高丽。有生泽州、易州、幽州、檀州者，为药无效，况非此者，设服荠苨，使六疾不瘳。知人参为累，则茶累尽矣。

懒人点道

我们可以看到，"茶之源"说的是茶的源头或本源，但通篇只告诉了我们什么样的茶好。初看似乎已经很全了，却缺少了最关键的数和理。如果没有数和理，我们就很难理解各种为什么：为什么上者生烂石？为什么紫者上？为什么阴山坡谷会结瘕疾？为什么茶性至寒却又可以和甘露醍醐相抗衡？怎么样算采不时、造不精？

如果不能明确茶叶于人而言好坏的理数象方面的知识，上面的问题就得不到很好的解释，相应地我们就很难从茶叶的"象"上辨别出该茶叶是不是生在烂石上？什么样子的茶叶算是采及时、造精择？也就造成了"精行俭德"是说茶德这样的千年误读。

所以，本书第一部分《齐物之道》中谈到的阴阳五行八卦基础和二炁运行及分星分野原理，就是为了解决这些问题的。

从上文的八卦甲子图中可以看出：古人认为南方为阳旺之地，还认为天地阴阳二炁一年一个循环。阳炁清轻而阴炁浊重，阳炁从冬至一阳生开始逐步上升，直到春分离开地面，到清明谷雨升入空中，直到夏至升无可升而阳极一阴生，开始下降，到白露接近地面，到秋分入于地下，直到冬至降无可降而阴极一阳生。

因阳炁主生，阴炁主杀。道家文化向来贵生。所以，追求阳炁，抑制阴杀，就是古人修行的重中之重。也因为阴阳二炁和时间及方位的关系，八卦甲子图就成为解读陆羽《茶经》中论断的关键。

春雨贵如油，谷雨，雨生百谷，是因为这个季节的雨水中，携带着主生的阳炁。而古人认为白露、寒露、霜降这些时间段的雨水有毒,因为这个季节阴炁始凝,雨水携肃杀之气而至,落物叶、杀百草。

有句话叫"先天天弗违,后天奉天时"。茶叶奉天时的过程就是数,数代表的是它的气数和时数。一个茶叶的气数和时数,要分辨好或不好,为什么以清明为标准?在宋朝时叫骑火茶,骑火跟清明的时间差不多,这说明都是以清明前后为标准,即都是以一年之阳气离开地面进入万物,直到阳气从万物中离开,上升到空中。各地由于时区及地气的行走有快有慢、有前有后,所以不能具体到哪一天。

到了谷雨之后的十五天,过了立夏采摘的茶,古人是不喝的,因为对于养生没有好处,如果是当药用是另外的说法。而到了白露开始,立秋之后,这个茶不仅仅是没有好处了,反而有坏处,因为它里面储存的是阴的气,消的气,阳生阴消。所以,白露茶、秋茶可能很好喝,但对人的身体没有好处,药用的话另说。

一切如此简单,而又符合自然界的现象和道理。

"茶者,生南方。"唐朝时的南方包括现在的四川、湖南、江苏、浙江、安徽、江西、福建、云贵等地,基本上包括了中国现在全部的产茶区。之所以在南方是因为古人认为南方符合八卦甲子图中的阳气比较旺的方位,也有古人认为"天倾西北、地陷东南"是因为天上的北极体系和西北方的昆仑山、终南山一带相感而地生真阳,阳气从西北一直往东南方向游走的时候,经过大地的化,这个气更适合万物的生长。而从另一角度,星辰对应来说,北极应太一而在西北昆仑山(现在终南山属于古昆仑的南山),而北斗应东南。

茶叶有灌木、半灌木、乔木之分,所以树的高度大小从不到一米至几十米高的都有。

"其地，上者生烂石。"烂石一般解释成碎石，就是比较碎的石头，或者也有说成是被火烧烂了的石头。这种解释对不对呢？举个很简单的反证。现在的科技这么发达，如果把很多石头打碎后给你就能种出好茶吗？在古代的确有人这样尝试过，其实是种不出好茶的。

所以烂石其实有两个意思，一个是指奇石，一个是指光滑、灿烂的石头。在秦朝或者晋朝的时候，烂石代表神奇之石和灿烂的石头的说法比较多，而代表碎石的说法应该是在宋朝之后了。曹魏时期的著名学者孟康作注："星，石也。金石相生，人与星气相应也。"所以，烂石指的是与天上星辰交感所化生的灿烂石头。

"中者生砾壤，下者生黄土。"在古代，砾壤才算是真正的碎石，就是很细很小的、像沙子一样的石头。下者生黄土，黄土地土质偏阴性，东北的黑土也不产茶，云南那边黄土居多，烂石和砾壤少，这与它的八卦方位属于坤是相关的。坤方和艮方，地气很重，但天气不足。

"野者上，园者次。"这个道理很简单，野生的茶是天生地长，在适合茶叶生长的自然环境中自生的就好。而在人为干预的环境下催生、辅生的就不好。现在人为干预更甚，可能会打农药、施肥，用催长素等那茶叶的品质就更不好了。

"阳崖阴林，紫者上，绿者次。"所谓阳崖，就是偏向阳光能照射到的，比如，山南水北，山偏向西的，太阳升起就能照到，或山偏向东的，太阳落山的时候也能照射到，阳光能照射到的，叫阳崖。所谓阴林，就是有大树，有能遮阴的叶子的林。

判断茶叶对人来说是好或是坏，最简单的标准就是——阳气旺的茶就是好茶。因为古人的修行，无论道家也好，佛家也好，都认为只要阳气多，人的身体就好。如果阴气多，人就容易生病。所以，阳气旺的茶就要像紫气东来一样，古人认为紫色是人间最高的颜色，有紫气说明茶叶承载了能量级别更高的气（品种本色为紫的除外），而绿色是茶叶或一般植物的本色。

而选择阴林是由茶的本性决定的，首先茶要能被阳光照射得到，其次茶又怕热又怕冷，所以，茶的生长环境有很多要求。像现在的园茶，一年四季都能照到阳光，质量就不怎么好；而如果一年四季都照不到阳光，质量也会不好。阴林有一个特性，就是冬天和春天的时候，叶子都落掉了，所以冬天和春天是能照到太阳的；而到了夏天和秋天，叶子就很茂盛，刚好把阳光挡住了。

"笋者上，牙者次。"茶新尖，秉阳而生，当阳气升到枝头时发出来，且生长成熟的，是为笋者。如果生长的时间不足，只是露出一个芽，还没到成熟的时候，一方面是它的阳气还不够旺，另一方面是它存储的东西很少，是为牙者次。

"叶卷上，叶舒次。"这刚好符合阴阳二气从下往上和从上往下运行的过程。走进大自然，我们会发现，大多数植物在春天时候的芽，叶子都是反卷的，也就是往外卷；而到了夏天，它们的叶子就平平的会展开了；秋天之后，它的叶子是向内卷的。

茶叶只是一种载体，它有一个特殊的性能，就是能承载阳气。我们都知道先天阳气是一年一个循环，从冬至一阳生开始，到春分阳气离开地面，从春分到清明是阳气从地面离开到万物之中行走的过程。

春茶，紫叶反卷

气以形存，形因气改。气会随着形状走，形状也因为气的存在而改变。比如，春天的时候，阳气离开地面，它就会随着茶叶的茎往上走。从新芽叶子出来的时候，中间的茎就会先往上，因为阳气比较轻。而主茎两边的叶子没有那么快承载阳气，承载阳气是有个过程的，所以中间轻的往上去的时候，两边的叶子还有阴气，重一些就往下掉，所以就会往下卷，这就是春天的叶子往下卷的原因。

到了谷雨之后，特别是立夏之后，一年一循环的这个阳气已经离开了万物，飘在空中。这个时候阳气往上走，阴气往下降，阴阳是分开的。所以，这时候的气是平的，叶子也是平平的，不往上翻也不往下卷。

夏茶，茶叶平舒

到了秋天，白露到秋分，气是往下降的，沿茶的茎往下走而直入大地，浊阴气往下走的时候比较重，中间的茎显得比较重，两边的叶显得比较轻，就形成往上、往内翻的形状。所以，往上翻还是往下翻也是评判茶是春茶还是秋茶的最简单的一个标准。

秋茶，叶内长

"阴山坡谷者，不堪采掇，性凝滞，结瘕疾。"这一点很明显，阴山坡谷之中的茶晒不到太阳，地气比较重，偏阴，所以说不采掇。这种茶先天阴成形，阴气多的茶喝了之后容易在身体内凝结成一块一块的瘕疾。

接下来的这段，是说茶之害处和制茶的讲究，并且以人参做类比。

从《茶经》原文可以看出，"茶之为用，味至寒"来自两方面，一个是它的本性本味，味至寒，寒就是茶为害的最本质的原因。古代的理论说百病源于寒，所以有《伤寒论》之类的医书，《黄帝内经》之中也有"今夫之热病者，皆伤寒之类也"这样的话，就是把所有的病都归于寒。因为茶的本性是味至寒，所以如果寒味去除不了，那对人来说就是有害的。

陆羽在讲茶害的时候，是以人参来类比的。大家都知道人参是大补药，很补气。但其实人参是属于阴中阳，是后天承载的阳气，是后天积累的一个东西。人参如果用得不对，也是会让人生很多种病的。

在清朝，有个叫徐灵胎的人，曾经说过"天下之害人者，杀其身未必破其家，破其家未必杀其身。先破人之家而后杀其身者，人参也"。其实茶叶也是这样子，茶叶也是先破其家而后杀其身。

为什么这样说呢？在古代的时候，人参其实是很便宜的，特别是上党那一带的人参是很廉价的东西。之所以会变得那么昂贵，完全是被后人炒作的结果。茶叶也是这样，天生地长的，到处都是，年年都有，它本身是很廉价的。但现在的茶叶已经被炒成天价，而且还至寒，这样算不算"先破人之家而后杀其身"？

对比人参来说，一个不同产地的人参有不同的功效，茶叶最看重的也是位置。另一个是年份，人参年份越长，功效越好，对比茶叶来说也是如此。比如，云南的古树普洱，树龄越大的，茶叶基本越贵，生普放的年份越久，价格也就越高。

还有一种植物叫地参，它和人参长得很像，但是这个地参不值钱，没有什么功效。茶也是如此，有各种嫁接出来的，或者培植出来的，科学院研究出来的，外表看着跟茶叶差不多，但是本质已经变了。比如说，茶叶的物性，它承载的内容可能已经不一样了，这与地参和人参的区别是一样的。

所以，茶的害处，第一个是因为它的本性寒，第二个则是因为采不时，造不精。其实采不时造不精，也是因为寒，就是把不好的叶子放进去了，本质还是因为寒。我们说寒是阴性的，古代叫苦寒、阴寒，百病都是因为阴，阴气重人就致病，所以寒是阴的一个很重要的代表。茶叶的本质是成形的，阳化气，阴成形，它的阴性去除不了就是致病之源。

"茶之为用，味至寒，为饮，最宜。精行俭德之人，若热渴、凝闷、脑疼、目涩、四肢烦、百节不舒，聊四五啜，与醍醐、甘露抗衡也。采不时，造不精，杂以卉莽，饮之成疾。茶为累也，亦犹人参。"因为古代人在书写的时候是竖排，没有加注标点的。所以，需要后人自己去断句、解读。而关于这段话的句读，大致上有两种断法。

第一种断句是这样的："茶之为用，味至寒，为饮，最宜精行俭德之人。"就是说，茶因为味至寒，最适合精行俭德的人来饮用。

第二种断法是："茶之为用，味至寒，为饮最宜，精行俭德之人。"

这两种断法大同小异，但我觉得这两种断法都不妥的。为什么是错的呢？就是因为前面说的是茶为用，味至寒，一直到后面又说茶可以与醍醐、甘露相抗衡。一个味至寒，对人害处很多，是百病之源的东西，为什么又能跟醍醐、甘露相抗衡呢？还得先说说醍醐和甘露是什么。

醍醐，按照古代的说法，它是从牛乳里提取出来的，但是工艺很复杂。据说，先要从牛乳里炼出奶酪，从奶酪里再炼出生酥，从生酥炼出熟酥，而从熟酥再提炼出来的就是醍醐，也就是一种从牛奶里不断提炼出来的最上等的佳品。

南北朝时候的佛教经典《涅槃经》中就提到过醍醐，醍醐的特点在于，第一它的品质最高，第二它又很甘甜。前文提过，陆羽最早是由积公和尚收养的，他对佛教经典也很熟悉，所以他就用醍醐与茶做比较，也是取醍醐的甘甜及醍醐的品阶高。

甘露也是一样。甘露一词，最早出现在老子的《道德经》第三十二章："天地相合，以降甘露。"因为天地二气相合，才降了甘露，相当于是地气从天上下来，把阳气以负阴抱阳的形式给抱下来了，就像雨。而甘露的特点，一是因为阳能量，品阶高，另一个也是甘甜。

那么，我们再回过头来说茶。茶的本味是苦的，是苦寒、阴寒的味道。但是到后面却又与醍醐、甘露这么甘甜的东西来对比，如果说它最宜精行俭德之人就有点说不通了。难道茶从很苦的东西到变得甘甜，原因就在于那些精行俭德之人？后人常说精行俭德是茶德，精行是指行事上面，而俭德是指品德上面，要品德高尚的人来喝茶，茶才会从苦变甜。这显然不符合文字的前后逻辑，也不符合陆羽的本意。

在我所知的《茶诀》和《顾渚山记》里，陆羽是用"精行俭德"四个字来描述制茶，而不是说人。所以，我的断句是这样的："茶之为用，味至寒，为饮最宜精行俭德之，人若热渴、凝闷、脑疼、目涩、四肢烦、百节不舒，聊四五啜，与醍醐、甘露抗衡也。""为饮最宜精行俭德之"就是说，只有精行俭德之，而后的茶叶才会变得甘甜。后文会介绍，陆羽还有一首茶诀来说这个精行俭德。

所以，陆羽的精行俭德，讲的是在挑茶和制茶中的讲究。精行俭德之，这个"之"代表茶叶，讲的是茶叶要通过精挑细选，再通过茶师把寒性去掉，把阳能量给收集到茶里面去。这样通过精行俭德出来的茶叶才可以与醍醐、甘露相抗衡。

无论是谁，只要是通过精行俭德获得的茶叶，在有各种病的时候，比如，热渴、凝闷、脑疼……，只要喝了茶，都和吃醍醐、甘露的效果差不多。这才是常理，而不是人有品德才能喝茶，显然精行俭德这四个字跟所谓的茶德是没有关系的。

古代的茶叶最早就是生晒的，而揉炒工艺已经是稍微晚一些了，大概是在汉朝后。唐朝肯定有炒青的工艺，这个在《茶经》里没提到，我们到第四部分《顾渚山记》时再说。明朝有一个叫田艺蘅的人，他写了一本书叫《煮泉小品》。他说最上等的茶，不用揉也不用去炒，应该用太阳生晒。如果是通过精挑细选的茶叶，在清明前后那段时间，每天早上从9点到12点，在太阳很好的时候，能连续晒上七八天，那么这样做出来的茶叶就特别好。当然，关于茶叶下面用什么垫，离地多少之类，古人也很讲究的，这个话题我们就先不探讨了。

　　所以，陆羽在"茶之源"这部分内容中并没有讲茶德，所谓的茶之德和茶人之德，陆羽倒是在《顾渚山记》中提到过。

二之具

原　文

籯，一曰篮，一曰笼，一曰筥。以竹织之，受五升，或一斗、二斗、三斗者，茶人负以采茶也。

灶，无用突者，釜，用唇口者。

甑，或木或瓦，匪腰而泥，篮以箅之，篾以系之。始其蒸也，入乎箅，既其熟也，出乎箅。釜涸，注于甑中，又以穀木枝三亚者制之，散所蒸牙笋并叶，畏流其膏。

杵臼，一曰碓，惟恒用者佳。

规，一曰模，一曰棬。以铁制之，或圆、或方、或花。

承，一曰台，一曰砧。以石为之。不然，以槐、桑木半埋地中，遣无所摇动。

檐，一曰衣。以油绢或雨衫单服败者为之。以檐置承上，又以规置檐上，以造茶也。茶成，举而易之。

芘莉，一曰籝子，一曰筹筤。以二小竹，长三尺，躯二尺五寸，柄五寸，以篾织方眼，如圃人土罗，阔二尺，以列茶也。

棨，一曰锥刀，柄以坚木为之，用穿茶也。

扑，一曰鞭。以竹为之，穿茶以解茶也。

焙，凿地深二尺，阔二尺五寸，长一丈。上作短墙，高二尺，泥之。

贯，削竹为之，长二尺五寸，以贯茶焙之。

棚，一曰栈，以木构于焙上，编木两层，高一尺，以焙茶也。茶之半干，升下棚；全干升上棚。

穿，江东、淮南剖竹为之，巴川峡山，绌穀皮为之。江东以一斤为上穿，半斤为中穿，四两五两为小穿。峡中以一百二十斤为上穿，八十斤为中穿，五十斤为小穿。穿，字旧作钗钏之"钏"，字或作贯串，今则不然。如磨、扇、弹、钻、缝五字，文以平声书之，义以去声呼之，其字以穿名之。

育，以木制之，以竹编之，以纸糊之。中有隔，上有覆，下有床，傍有门，掩一扇，中置一器，贮煻煨火，令煴煴然。江南梅雨时，焚之以火。

懒人点道

茶之具介绍了采摘、制造、贮藏茶叶茶饼的一系列十多种器具，从形状、质地、尺寸到用法、功能，都有详细例举。

古人对茶具的取用，是遵循了这样的原则：

1. 贴近自然、价格低廉。所以基本就是用随处可见的物品，茶人茶农取用方便。

2. 和茶叶的物性相辅相生。所以取用以竹、桑、瓷、陶为主。

3. 符合文人雅事。所以怀古致、有高格、极幽雅，得山水清气的花君子竹制之具，就成了首选。

三之造

原 文

凡采茶，在二月、三月、四月之间。

茶之笋者，生烂石沃土，长四五寸，若薇蕨始抽，凌露采焉。茶之牙者，发于丛薄之上，有三枝、四枝、五枝者，选其中枝颖拔者采焉。其日有雨不采，晴有云不采。晴采之，蒸之，捣之，拍之，焙之，穿之，封之，茶之干矣。

茶有千万状，卤莽而言，如胡人靴者蹙缩然；犎牛臆者，廉檐然，浮云出山者，轮囷然，轻飙拂水者，涵澹然。有如陶家之子，罗膏土以水澄泚之。又如新治地者，遇暴雨流潦之所经，此皆茶之精腴。有如竹箨者，枝干坚实，艰于蒸捣，故其形籭簁然；有如霜荷者，茎叶凋沮，易其状貌，故厥状委萃然，此皆茶之瘠老者也。

自采至于封，七经目。自胡靴至于霜荷，八等，或以光黑平正言嘉者，斯鉴之下也。以皱黄坳垤言佳者；鉴之次也。若皆言嘉及皆言不嘉者，鉴之上也。何者？出膏者光，含膏者皱；宿制者则黑，日成者则黄；蒸压则平正，纵之则坳垤。此茶与草木叶一也。

茶之否臧，存于口诀。

懒人点道

古代采茶的时间，是在二月三月四月，说明都在春天，不像现在，夏天也采，秋天也采。

我们在一茶之源中说过，采不时会饮之成疾。这个采不时，包括这样三方面：每年采茶的时间是春天，因为应其春生之气。过了春天采的茶，就算采不时了；更细分的话，每天采茶的时间是在上午九点前，从五点多太阳出来露水还没干就开始采了，凌露而采。以日为年，这也是相当于一天之中的春天；在天气晴朗的时候采，有云有雨的时候都不采。一来有雨的时候茶叶中水湿重，茶叶寡淡。二来怕采下后，茶成了无根之木，茶中的阳气易溶于雨水而流失。

至于制茶的方法，就不多说了，古人特别是道家皆以顺其自然为上，所以以生晒和炒青为主流。陆羽《茶经》之中留下的非常复杂的"蒸之，捣之，拍之，焙之，穿之，封之"为非主流。经过这样操作之后的茶叶，茶叶的物性和本象已经发生变化，茶中之阳也易于流失。但这样的方法，在五代至宋时成为主流，也为后世造假提供了便利。这部分内容会在《顾渚山记》之中讲到。

"自采至于封七经目"，这个不同的制作工艺是有所区别的。"蒸之，捣之，拍之，焙之，穿之，封之"，对应当时炒茶的工艺也算是七道工序：精择、摊晾、杀青、揉捻、烘焙、筛选、封存，现在在一些古老的农村，还是采用这样的方法。

纯晒茶工序是最简单的，但它全靠天，如果太阳不好，就得靠炭火烘焙，其工序大同小异：精择、摊晾、日晒（讲究的话，就只在上午九点到中午一点晒，连续晒个几天，干度足够才停止）、封存。

而茶叶的八个等级，在同等制作工艺的前提之下，在采摘之前就确定了。分别是和对应的星辰、地气、山向、日照、水质等决定的。但如果是晒或者炒的方式，从成品也看得出来。如果是捣成粉或紧压成饼的，难度就很大，除非是达到齐物四境之三的神入，否则从外表只能看出来个大概。其实经过这样操作的茶叶，其物性和承载的内容都被不同程度地破坏了。

　　"茶之造"，从"茶有千万状"开始，古今几乎就没人能真正解读出来，因为他们的立意和前提就出错了。几乎所有的文献，都把这段话说成是描述茶饼的，其实这段话是描述茶叶本身的。就观物而言，怎么会去观一个被蒸过被捣烂还拍成粉的茶饼？所以，后面的内容，全是在说茶的叶子，说茶叶的万象。

　　我们一条一条地来看。"如胡人靴者，蹙缩然"（原注：京锥文也）：茶叶像胡人穿的靴子，紧凑蜷缩的样子，叶片上的纹理深刻清楚明了，就像用大刻刀雕刻的纹理一样。

　　这里的"蹙缩"是"蜷缩"的意思，和《茶经》前文的"叶卷上"相呼应。唐朝时的诗人元稹在《分水岭》一诗中就有"偶值当途石，蹙缩又纵横"的句子，其中的蹙缩也是蜷缩的意思，和后面的纵横表示舒展身如相对应。而"京"在古代有大的意思，京锥就是大的雕刻刀，文就是纹理。好的茶叶，特别是烂石上阳崖阴林的头春茶，叶面一定是纹理很深刻清楚的。春之生气轻扬而上，故一芽长得较快，亭亭而立，下面的叶面稍大横长，叶边反卷成圆筒状，而比直立之芽稍短，颜色当然是紫色，想象一下这像不像胡人靴？

　　"犎牛臆者，廉襜然"：茶叶像犎牛胸口的软毛，光柔顺润，清亮通透的样子。这里的关键是"廉襜"的意思，《广雅》中说，廉，清也。廉明也有明亮之意。而在古代，清亮的音乐就叫廉乐（乐为多音字，廉乐一起，可以表示清亮的音乐，也有说是表示廉颇和乐毅）。而"襜"这个字，有人说是一种短小的外褂，其实"襜"在这里，指的是通和透。

还是举个唐朝的例子，唐朝有个人叫魏奉古，写过一首诗叫《长门怨》，描写长安皇宫中的怨妇，其中有一句很凄凉："星移北斗露凄凄，罗幔襜襜风入闺。孤灯欲灭留残焰，明月初团照夜啼。"罗幔如纱，风一吹摇摆而通透，这样风才可以偷入闺房。

"浮云出山者，轮囷然"：有的茶叶长得像浮云出山时曲折盘旋的样子。

如果读者们看过千年古树普洱毛茶的样子，估计就能理解这种说法了。因为它长得是毫无规则，曲折盘旋，苍劲有力。再去看看一年四季随时可采的台地茶，那形状就完全不同。而且，当初陆羽描述茶叶的时候，有一款出产于歙州南山搁船尖的白云茶，后来被陆羽移种至苏州虎丘，这野生的白云茶条索，就特别像浮云出山轮囷然。

"轻飙拂水者，涵澹然"：有的像清风拂过水面时的波纹，碧中透白，波光明净。

有些茶叶采得很嫩，比如，碧螺春、太姥山的米针、丽水景宁的惠明茶头春茶，就差不多是这个样子。

"有如陶家之子，罗膏土以水澄泚之"（原注：澄泥也）：有的茶就像是制陶的人用箩筛选陶土，然后用水来澄清之后一样，上面芽头像清澈鲜明的水，下面的叶子像沉淀的杂质黑泥，上下分明。

有些茶叶，它连芽带叶采下来后，就是这个样子。比如，我很喜欢的太姥山小菜茶，也就是陆羽《茶经》中说的"永嘉南三百里有白茶山"中的土白茶。上面芽白毫圆润清澈鲜明，而下面的叶子就像杂质黑泥一样丑。

"又如新治地者，遇暴雨流潦之所经"：有的茶叶就像新平整的土地，被暴雨急流冲刷过后的条条叉叉，毫无规则却又符合自然之纹理。

很多野生的茶，没人打理，又杂草树木丛生。每一个成长好的芽叶，因日照和生长环境的不规则，它的芽和下面几个叶子之间的方向和节的长短等也特别不规则，但却很纯天然。这也对应了《茶经》里说的"野者上"。

陆羽用来对比的，都是些自然现象，这就是观物实践的一个过程。如果不走出去，很多东西根本无法想象。比如，很多人解释说新治地遇暴雨急流冲刷后会很光滑，这就是想当然的结果。无论是沙泥地、黄泥地甚至是现代的水泥地，只要是新治后马上有暴雨急流冲刷，那地绝对不可能光滑，而是显示出各种水流的痕迹在上面。

"此皆茶之精腴"：这都是精美上等的好茶。这个标准和《茶经》前面说到的阳气旺的表象是一致的：清、明、通透、叶卷、苍劲有力、野生、自然……

"有如竹箨者，枝干坚实，艰于蒸捣，故其形籭簁然；有如霜荷者，茎叶凋沮，易其状貌，故厥状委萃然，此皆茶之瘠老者也"：有的茶叶老得像笋壳，枝梗坚硬，很难蒸捣，用它制成的茶叶像箩筛一样坑坑洼洼不平整。有的茶叶像经历秋霜的荷叶，茎叶凋零萎败，已经变形，以之制成的茶叶外貌枯槁，枝叶粗大生机了无，这都是粗老不好的茶。

笋者上，那是如笋尖一样或如笋形一样有环抱有情。如果茶叶老成了笋壳，或像被霜打过了一样，那说明茶叶承载的生气已经没有了，留下的只是茶的物性。

这里的"厥状"，意思为如石头般僵硬而且枝叶粗大，是不好的意思。比如，同是唐时的茶叶爱好者陆龟蒙（陆羽在顾渚山的茶叶研究地，后来成为陆龟蒙的茶园，陆羽的《品第书》亦曾为皮日休、陆龟蒙所得）在《奉和袭美太湖诗二十首·太湖石》就有"他山岂无石，厥状皆可荐"的诗句。

最后一段不多谈，因为鉴别的方法在上面分八个等级的时候就讲到了。而在当时，僧皎然和陆羽也对此总结出来了一首茶诀，我们将留在《茶经源》的第三部分"茶诀"中再去细说。

四之器

原 文

风炉（灰承）　筥　炭挝　火筴

鍑　交床　夹　纸囊

碾　罗合　则　水方　漉水囊

瓢　竹筴　鹾簋　熟盂　碗　畚

札　涤方　巾　具列　都篮

风炉（灰承）：风炉，以铜、铁铸之，如古鼎形，厚三分，缘阔九分，令六分虚中，致其圬墁。凡三足，古文书二十一字，一足云："坎上巽下离于中"，一足云："体均五行去百疾"，一足云："圣唐灭胡明年铸"。其三足之间设三窗，底一窗，以为通飙漏烬之所。上并古文书六字：一窗之上书"伊公"二字，一窗之上书"羹陆"二字，一窗之上书"氏茶"二字，所谓"伊公羹、陆氏茶"也。置墆㙞于其内，设三格：其一格有翟焉，翟者，火禽也，画一卦曰离；其一格有彪焉，彪者，风兽也，画一卦曰巽；其一格有鱼焉，鱼者，水虫也，画一卦曰坎。巽主风，离主火，坎主水。风能兴火，火能熟水，故备其三卦焉。其饰以连葩、垂蔓、曲水、方文之类。其炉或锻铁为之，或运泥为之，其灰承，作三足，铁柈台之。

筥：筥，以竹织之，高一尺二寸，径阔七寸，或用藤，作木楦，如筥形织之。六出固眼。其底盖若利箧口，铄之。

炭挝：炭挝，以铁六棱制之，长一尺，锐上，丰中，执细，头系一小锯，以饰挝也。若今之河陇军人木吾也。或作锤，或作斧，随其便也。

火筴：火筴，一名箸，若常用者，圆直一尺三寸，顶平截，无葱台勾锁之属，以铁或熟铜制之。

鍑：鍑，以生铁为之，今人有业冶者，所谓急铁。其铁以耕刀之趄炼而铸之，内摸土而外摸沙。土滑于内，易其摩涤；沙涩于外，吸其炎焰。方其耳，以正令也；广其缘，以务远也；长其脐，以守中也。脐长则沸中，沸中则末易扬，末易扬则其味淳也。洪州以瓷为之，莱州以石为之，瓷与石皆雅器也，性非坚实，难可持久。用银为之，至洁，但涉于侈丽。雅则雅矣，洁亦洁矣，若用之恒，而卒归于铁也。

交床：交床，以十字交之，剜中令虚，以支鍑也。

夹：夹，以小青竹为之，长一尺二寸。令一寸有节，节已上剖之，以炙茶也。彼竹之筱，津润于火，假其香洁以益茶味，恐非林谷间莫之致。或用精铁、熟铜之类，取其久也。

纸囊：纸囊，以剡藤纸白厚者夹缝之，以贮所炙茶，使不泄其香也。

碾：碾，以橘木为之，次以梨、桑、桐、柘为之，内圆而外方。内圆，备于运行也，外方，制其倾危也。内容堕而外无余木。堕，形如车轮，不辐而轴焉，长九寸，阔一寸七分，堕径三寸八分，中厚一寸，边厚半寸，轴中方而执圆。其拂末，以鸟羽制之。

罗合：罗末，以合盖贮之，以则置合中，用巨竹剖而屈之，以纱绢衣之。其合，以竹节为之，或屈杉以漆之。高三寸，盖一寸，底二寸，口径四寸。

则：则，以海贝蛎、蛤之属，或以铜、铁、竹匕、策之类。则者，量也，准也，度也。凡煮水一升，用末方寸匕，若好薄者减之，嗜浓者增之，故云则也。

水方：水方，以椆木、槐、楸、梓等合之，其里并外缝漆之，受一斗。

漉水囊：漉水囊，若常用者，其格以生铜铸之，以备水湿，无有苔秽、腥涩意。以熟铜苔秽，铁腥涩也。林栖谷隐者，或用之竹木，木与竹非持久涉远之具，故用之生铜。其囊，织青竹以卷之，裁碧缣以缝之，纽翠钿以缀之，又作绿油囊以贮之，圆径五寸，柄一寸五分。

瓢：瓢，一曰牺杓，剖瓠为之，或刊木为之。晋舍人杜毓《荈赋》云："酌之以匏。"匏，瓢也，口阔胫薄柄短。永嘉中，余姚人虞洪入瀑布山采茗，遇一道士云："吾，丹丘子，祈子他日瓯牺之余，乞相遗也。"牺，木杓也，今常用以梨木为之。

竹笶：竹笶，或以桃、柳、蒲、葵木为之，或以柿心木为之，长一尺，银裹两头。

鹾簋：鹾簋，以瓷为之，圆径四寸。若合形。或瓶、或罍，贮盐花也。其揭，竹制，长四寸一分，阔九分。揭，策也。

熟盂：熟盂，以贮熟水，或瓷、或沙，受二升。

碗：碗，越州上，鼎州次，婺州次，岳州上，寿州、洪州次。或者以邢州处越州上，殊为不然。若邢瓷类银，越瓷类玉，邢不如越一也；若邢瓷类雪，则越瓷类冰，邢不如越二也；邢瓷白而茶色丹，越瓷青而茶色绿，邢不如越三也。晋·杜毓《荈赋》所谓："器择陶拣，出自东瓯"。瓯，越也。瓯，越州上，口唇不卷，底卷而浅，受半升已下。越州瓷、岳瓷皆青，青则益茶。茶作白红之色。邢州瓷白，茶色红；寿州瓷黄，茶色紫；洪州瓷褐，茶色黑：悉不宜茶。

畚：畚，以白蒲卷而编之，可贮碗十枚。或用筥，其纸帊以剡纸夹缝令方，亦十之也。

札：札，缉栟榈皮，以茱萸木夹而缚之。或截竹束而管之，若巨笔形。

涤方：涤方，以贮涤洗之余，用楸木合之，制如水方，受八升。

滓方：滓方，以集诸滓，制如涤方，处五升。

巾：巾，以绝为之，长二尺，作二枚，互用之，以洁诸器。

具列：具列，或作床，或作架。或纯木纯竹而制之。或木或竹，黄黑可扃而漆者。长三尺，阔二尺，高六寸。具列者，悉敛诸器物，悉以陈列也。

都篮：都篮，以悉设诸器而名之。以竹篾，内作三角方眼，外以双篾阔者经之，以单篾纤者缚之，递压双经，作方眼，使玲珑。高一尺五寸，底阔一尺，高二寸，长二尺四寸，阔二尺。

懒人点道

　　茶之器一直在发展，唐碗、宋盏、明壶、清盖碗，其他器不多说。陆羽唐碗的产地之说，后人争议很大，陆羽独说越州为上，是因为会稽山的分野所决定的。越州之矿感星宿阳升之气而生，所以适合为茶器，这个道理我们在第四部分的"会稽山"一节中再提。同理，阳羡的紫砂矿也合适。

五之煮

原 文

凡炙茶，慎勿于风烬间炙，熛焰如钻，使炎凉不均。持以逼火，屡其翻正，候炮出培塿状，虾蟆背，然后去火五寸，卷而舒则本其始，又炙之。若火干者，以气熟止；日干者，以柔止。其始若茶之至嫩者，茶罢热捣叶烂而牙笋存焉。假以力者，持千钧杵亦不之烂，如漆科珠，壮士接之不能驻其指，及就则似无穰骨也。炙之，则其节若倪倪，如婴儿之臂耳。既而承热用纸囊贮之，精华之气无所散越。候寒末之。其火，用炭，次用劲薪。其炭曾经燔炙，为膻腻所及，及膏木、败器，不用之。古人有劳薪之味，信哉！

其水，用山水上，江水中，井水下。其山水，拣乳泉、石池漫流者上，其瀑涌湍漱，勿食之，久食令人有颈疾。又多别流于山谷者，澄浸不泄，自火天至霜郊以前，或潜龙蓄毒于其间，饮者可决之，以流其恶，使新泉涓涓然，酌之。其江水，取去人远者。井取汲多者。其沸，如鱼目，微有声，为一沸，缘边如涌泉连珠，为二沸，腾波鼓浪，为三沸，已上水老不可食也。初沸，则水合量，调之以盐味，谓弃其啜余。无乃𩹉鹾而钟其一味乎？第二沸出水一瓢，以竹筴环激汤心，则量末当中心而下，有顷，势若奔涛溅沫，以所出水止之，而育其华也。凡酌，置诸碗，令沫饽均。沫饽，汤之华也。华之薄者曰沫，厚者曰饽，细轻者曰花，如枣花漂漂然于环池之上。又如回潭曲渚，青萍之始生；又如晴天爽朗，有浮云鳞然。其沫者，若绿钱浮于水湄，又如菊英堕于罇俎之中。饽者，以滓煮之。及沸，则重华累沫，皤皤然若积雪耳。《荈赋》所谓"焕如积雪，烨若春蔍"，有之。第一煮水沸，而弃其沫，之上有水膜如黑云母，饮之则其味不正。其第一者为隽永，或留熟盂以贮之，以备育华救沸之用。诸第一与第二、第三碗次之，第四第五碗外，非渴甚莫之饮。

凡煮水一升，酌分五碗，乘热连饮之，以重浊凝其下，精英浮其上。如冷，则精英随气而竭，饮啜不消亦然矣。茶性俭，不宜广，广则其味黯澹，且如一满碗，啜半而味寡，况其广乎！其色缃也，其馨欤也。其味甘，槚也；不甘而苦，荈也；啜苦咽甘，茶也。

懒人点道

首先我们得明确一件事，唐之前的古人肯定是有泡茶法的，但不是主流。唐代的主流社会盛行煎和煮，宋代盛行点茶，泡茶法成为主流是明清之后的事了。

如果不是精挑细选出嫩芽用生晒或炒制而成的茶叶，而是捣拍粉碎过的茶直接用开水泡碗里，那简直是无法想象其颜色和味道的。

但如果是上文所说的前六品所属之茶，直接放在瓷碗时，用开水冲泡出来，那茶水也是非常漂亮的。这部分内容在《顾渚山记》里有记载。

唐朝时自然环境好，水质也好，煮出来的茶也以第一道为最好，称之"隽久"。现代很多茶艺师，泡白茶或绿茶，也要洗茶，岂不知，阳气易溶于水，最精华的已经被洗掉了。陆羽不建议喝第四、第五碗，而现代很多人，却以茶叶的经久耐泡为佳，把能泡十几次，甚至二十次用来作为判断茶叶好坏的标准，是流于表而失其里。

而古人对水的讲究，更是达到执着的程度。比如，李季卿取扬子江心水煮茶，当时还有很多名流，煮茶之水是取扬子江心中冷泉之水寄过去的。陆羽之后没几年，唐朝刘伯刍的《水品》和张又新的《水记》，还曾给天下诸泉排名。把扬子江心的中冷泉排名第一等（唐朝之时，长江润州段，江水西来，至金山分为三泠：南泠、中泠和北泠。泠者，水曲也。第一泉位于中间水曲之下，故名"中泠"。后人亦有说南泠泉第一）。刘伯刍和张又新所定的泉水排名位置，显然没把洞天福地内的泉水列入，陆羽亦如是。而且他们所列的泉水基本是在江浙，比如，现在江苏的镇江中泠泉、无锡惠山泉、苏州虎丘泉、扬州大明寺、丹阳观音寺这五个泉。

当然，现在很多地方都在争"天下第一泉"的称号，大致有这么七个：济南的趵突泉、镇江的中冷泉、北京的玉泉、庐山的谷帘泉、峨眉山的玉液泉、安宁碧玉泉、衡山水帘洞泉。还有人说庐山的谷帘泉是由陆羽评定的，但是，如果根据阴阳家的天象地理学说，陆羽是不可能把第一名定在庐山的。

其实，在唐朝时要评论洞天福地，是得有一定资格的，因为一不小心就容易得罪名道高僧。司马承祯也是成为大天师后，才出《天地官府图》，杜光庭成为道门领袖后才留下《洞天福地岳渎名山记》。

关于水，如果要从气、数、理、象上说，内容也是不少的。古人论定的名泉，我大多数都亲自去实地考察过，因为环境变化等方面的影响，现在大多都已经不行了。

在《顾渚山记》中有专门论水的内容，论水的九字诀也不是"山水上，江水中，井水下"。同样还是九个字："蒙水上，沙水中，泥水下。"还有各种细分，有谈到洞天福地之水。这些内容我们留到《茶诀》中的"辨水诀"和《顾渚山记》论水的章节中再讲。

此外，"茶性俭，不宜广"这段话也很有意思。很多注经的前人，都会把这个"俭"和前面"精行俭德"的"俭"联系起来，或者把俭当俭朴来讲。更多人就不解释这个字，直接说茶的性质"俭"。唯独没有人愿意联系上下文去理解。上文明确说一二三碗味道略差些，四碗五碗才不建议喝，这里的碗应该是指煮茶的次数，而后面还有烧水一升分作五碗的说法。为什么到这一段就成了"茶性俭，不宜广，广则其味黯淡，且如一满碗，啜半而味寡"了呢？

这里的"俭"的意思是"贫乏，不足"，和前面"精行俭德"中的"俭"是"约束"意思完全不一样。古代把收成不足（歉收）的年月称为"俭岁"和"俭月"，比如，和陆羽很熟的刘禹锡（刘禹锡小时候在乌程长大，十来岁时经常到妙喜寺和陆羽、皎然交流），他写过一首诗《苏州谢赈赐表》："特有赈邺，救其灾荒。苍生荷再造之恩，俭岁同有年之庆。"诗中的"俭"也是"贫乏、不足"的意思。

显然，"茶性俭，不宜广"不是指所有的茶，而是指一些品级中下等的茶。所以这句话的意思是：有些茶的物性贫乏，承载的内容不足，煮茶时水就不宜放太多。

六之饮

原 文

翼而飞，毛而走，呿而言，此三者俱生于天地间，饮啄以活，饮之时，义远矣哉！至若救渴，饮之以浆；蠲忧忿，饮之以酒；荡昏寐，饮之以茶。

茶之为饮，发乎神农氏，闻于鲁周公，齐有晏婴，汉有扬雄、司马相如，吴有韦曜，晋有刘琨、张载、远祖纳、谢安、左思之徒，皆饮焉。滂时浸俗，盛于国朝，两都并荆渝间，以为比屋之饮。

饮有粗茶、散茶、末茶、饼茶者，乃斫，乃熬，乃炀，乃舂，贮于瓶缶之中，以汤沃焉，谓之痷茶。或用葱、姜、枣、橘皮、茱萸、薄荷之属，煮之百沸，或扬令滑，或煮去沫，斯沟渠间弃水耳，而习俗不已。于戏！

天育万物，皆有至妙，人之所工，但猎浅易。所庇者屋，屋精极，所着者衣，衣精极，所饱者饮食，食与酒皆精极之。

茶有九难：一曰造，二曰别，三曰器，四曰火，五曰水，六曰炙，七曰末，八曰煮，九曰饮。阴采夜焙，非造也，嚼味嗅香，非别也，膻鼎腥瓯，非器也，膏薪庖炭，非火也，飞湍壅潦，非水也，外熟内生，非炙也，碧粉缥尘，非末也，操艰搅遽，非煮也，夏兴冬废，非饮也。

夫珍鲜馥烈者，其碗数三；次之者，碗数五。若坐客数至五，行三碗，至七，行五碗。若六人已下，不约碗数，但阙一人而已，其隽永补所阙人。

懒人点道

茶作为一种饮品，从先秦时期起就出现了。更多的饮茶类别记载，本书将在后面第四部分的《顾渚山记》中讲述。

七之事

原 文

三皇：炎帝神农氏。

周：鲁周公旦。齐相晏婴。

汉：仙人丹丘子。黄山君司马文。园令相如。杨执戟雄。

吴：归命侯，韦太傅弘嗣。

晋：惠帝，刘司空琨，琨兄子兖州刺史演。张黄门孟阳。傅司隶咸。江洗马充。孙参军楚。左记室太冲。陆吴兴纳，纳兄子会稽内史俶。谢冠军安石。郭弘农璞。桓扬州温。杜舍人毓。武康小山寺释法瑶。沛国夏侯恺。余姚虞洪。北地傅巽。丹阳弘君举。乐安任育长。宣城秦精。敦煌单道开。剡县陈务妻。广陵老姥。河内山谦之。

后魏：琅琊王肃。

宋：新安王子鸾。鸾弟豫章王子尚。鲍昭妹令晖。八公山沙门谭济。

齐：世祖武帝。

梁：刘廷尉。陶先生弘景。

皇朝：徐英公勣。

《神农·食经》："茶茗久服，令人有力，悦志。"

周公《尔雅》："槚，苦茶。"《广雅》云："荆、巴间采叶作饼，叶老者饼成，以米膏出之，欲煮茗饮，先炙，令赤色，捣末置瓷器中，以汤浇覆之，用葱、姜、橘子芼之，其饮醒酒，令人不眠。"

《晏子春秋》："婴相齐景公时，食脱粟之饭，炙三弋、五卵，茗菜而已。"

司马相如《凡将篇》："乌喙、桔梗、芫华、款冬、贝母、木蘖、蒌、芩草、芍药、漏芦、蜚廉、雚菌、荈诧、白敛、白芷、菖蒲、芒硝、莞椒、茱萸。"

《方言》："蜀西南人谓茶曰蔎。"

《吴志·韦曜传》："孙皓每飨宴，坐席无不率以七升为限，虽不尽入口，皆浇灌取尽，曜饮酒不过二升，皓初礼异，密赐茶荈以代酒。"

《晋中兴书》："陆纳为吴兴太守时，卫将军谢安常欲诣纳，纳兄子俶怪纳，无所备，不敢问之，乃私蓄十数人馔。安既至，所设唯茶果而已。俶遂陈盛馔，珍羞必具。及安去，纳杖俶四十，云：'汝既不能光益叔父，奈何秽吾素业？'"

《晋书》："桓温为扬州牧，性俭，每燕饮，唯下七奠，拌茶果而已。"

《搜神记》："夏侯恺因疾死，宗人字苟奴，察见鬼神，见恺来收马，并病其妻，着平上帻，单衣，入坐生时西壁大床，就人觅茶饮。"

刘琨《与兄子南兖州刺史演书》云："前得安州干姜一斤、桂一斤、黄芩一斤，皆所须也。吾体中溃闷，常仰真茶，汝可置之。"

傅咸《司隶教》曰："闻南方有蜀妪作茶粥卖，为廉事打破其器具。又卖饼于市，而禁茶粥以困蜀姥何哉！"

《神异记》："余姚人虞洪入山采茗，遇一道士，牵三青牛，引洪至瀑布山曰：'予，丹丘子也。闻子善具饮，常思见惠。山中有大茗可以相给，祈子他日有瓯牺之余，乞相遗也。'因立奠祀。后常令家人入山，获大茗焉。"

左思《娇女诗》："吾家有娇女，皎皎颇白皙。小字为纨素，口齿自清历。有姊字惠芳，眉目粲如画。驰骛翔园林，果下皆生摘。贪华风雨中，倏忽数百适。心为茶荈剧，吹嘘对鼎䥶。"

张孟阳《登成都楼》诗云："借问杨子舍，想见长卿庐。程卓累千金，骄侈拟五侯。门有连骑客，翠带腰吴钩。鼎食随时进，百和妙且殊。披林采秋橘，临江钓春鱼。黑子过龙醢，果馔逾蟹蝑。芳茶冠六情，溢味播九区。人生苟安乐，兹土聊可娱。"

傅巽《七诲》："蒲桃、宛柰、齐柿、燕栗、峘阳黄梨、巫山朱橘、南中茶子、西极石蜜。"

弘君举《食檄》：寒温既毕，应下霜华之茗，三爵而终，应下诸蔗、木瓜、元李、杨梅、五味、橄榄、悬豹、葵羹各一杯。

孙楚《歌》：'茱萸出芳树颠，鲤鱼出洛水泉，白盐出河东，美豉出鲁渊。姜、桂、茶荈出巴蜀，椒、橘、木兰出高山，蓼苏出沟渠，精稗出中田。'"

华佗《食论》："苦茶，久食，益意思。"

壶居士《食忌》："苦茶久食羽化。与韭同食，令人体重。"

郭璞《尔雅注》云："树小似栀子，冬生，叶可煮羹饮，今呼早取为茶，晚取为茗，或一曰荈，蜀人名之苦茶。"

《世说》："任瞻，字育长，少时有令名，自过江失志。既下饮，问人云：'此为茶？为茗？'觉人有怪色，乃自申明云：'向问饮为热为冷耳？'"

《续搜神记》："晋武帝时，宣城人秦精，常入武昌山采茗，遇一毛人，长丈余，引精至山下，示以丛茗而去。俄而复还，乃探怀中橘以遗精。精怖，负茗而归。"

《晋四王起事》："惠帝蒙尘，还洛阳，黄门以瓦盂盛茶上至尊。"

《异苑》："剡县陈务妻少，与二子寡居，好饮茶茗。以宅中有古冢，每饮，辄先祀之。二子患之曰：'古冢何知？徒以劳。'意欲掘去之，母苦禁而止。其夜梦一人云：吾止此冢三百余年，卿二子恒欲见毁，赖相保护，又享吾佳茗，虽潜壤朽骨，岂忘翳桑之报。及晓，于庭中获钱十万，似久埋者，但贯新耳。母告，二子惭之，从是祷馈愈甚。"

《广陵耆老传》："晋元帝时，有老姥，每旦独提一器茗，往市鬻之，市人竞买。自旦至夕，其器不减。所得钱散路傍孤贫乞人。人或异之，州法曹絷之狱中，至夜，老姥执所鬻茗器，从狱牖中飞出。"

《艺术传》："敦煌人单道开，不畏寒暑，常服小石子。所服药有松桂蜜之气，所余茶苏而已。"

释道该说《续名僧传》："宋释法瑶，姓杨氏，河东人。永嘉中过江遇沈台真，请真君武康小山寺。年垂悬车，饭所饮茶，永明中敕吴兴礼致上京，年七十九。"

宋《江氏家传》："江统字应元，迁愍怀太子洗马，常上疏谏云：'今西园卖醯、面、蓝子、菜、茶之属，亏败国体。'"

《宋录》："新安王子鸾、豫章王子尚，诣昙济道人于八公山，道人设茶茗，子尚味之曰：此甘露也，何言茶茗。"

王微《杂诗》："寂寂掩高阁，寥寥空广厦。待君竟不归，收领今就槚。

鲍昭妹令晖著《香茗赋》。

南齐世祖武皇帝遗诏："我灵座上，慎勿以牲为祭，但设饼果、茶饮、干饭、酒脯而已。"

梁刘孝绰《谢晋安王饷米等启》："传诏李孟孙宣教旨，垂赐米、酒、瓜、笋、菹、脯、酢、茗八种，气苾新城，味芳云松。江潭抽节，迈昌荇之珍；疆场擢翘，越葺精之美。羞非纯束野麏，裛似雪之驴；鲊异陶瓶河鲤，操如琼之粲。茗同食粲，酢颜望柑，免千里宿舂，省三月种聚。小人怀惠，大懿难忘。"

陶弘景《杂录》："苦茶轻身换骨，昔丹丘子、黄山君服之。"

《后魏录》："琅琊王肃仕南朝，好茗饮莼羹。及还北地，又好羊肉酪浆，人或问之：'茗何如酪？'肃曰：'茗不堪与酪为奴。'"

《桐君录》："西阳、武昌、庐江、晋陵好茗，皆东人作清茗。茗有饽，饮之宜人。凡可饮之物，皆多取其叶，天门冬、拔揳取根，皆益人。又巴东别有真茗茶，煎饮令人不眠。俗中多煮檀叶，并大皂李作茶，并冷。又南方有瓜芦木，亦似茗，至苦涩，取为屑茶饮，亦可通夜不眠。煮盐人但资此饮，而交、广最重，客来先设，乃加以香芼辈。

《坤元录》："辰州溆浦县西北三百五十里无射山，云蛮俗当吉庆之时，亲族集会，歌舞于山上，山多茶树。"

《括地图》："临遂县东一百四十里有茶溪。"

山谦之《吴兴记》："乌程县西二十里有温山，出御荈。

《夷陵图经》："黄牛、荆门、女观、望州等山，茶茗出焉。"

《永嘉图经》："永嘉县东三百里有白茶山。"

《淮阴图经》："山阳县南二十里有茶坡。"

《茶陵图经》云："茶陵者，所谓陵谷，生茶茗焉。"

《本草·木部》："茗，苦茶，味甘苦，微寒，无毒，主瘘疮，利小便，去痰渴热，令人少睡。秋采之苦，主下气消食。注云：春采之。"

《本草·菜部》："苦茶，一名茶，一名选，一名游冬。生益州川谷山陵道傍，凌冬不死。三月三日采，干。"注云："疑此即是今茶，一名茶，令人不眠。"

《本草注》："按《诗》云'谁谓茶苦'，又云'堇茶如饴'，皆苦菜也。陶谓之苦茶，木类，非菜流。茗，春采谓之苦茶。"

《枕中方》："疗积年瘘，苦茶、蜈蚣并炙，令香熟，等分，捣筛，煮甘草汤洗，以末傅之。"

《孺子方》："疗小儿无故惊厥，以苦茶葱须煮服之。"

懒人点道

茶之事记载了有史以来到初唐的茶事四十八则，展现了茶文化的历史悠久和多姿多彩。

我们也可以从四个方面来理解古人的茶事：

1. 俭行。古人用茶来表现自己的生活节俭和品德上的自我约束。我们可以从晏婴、陆纳、桓温、萧颐等先贤茶之事中去解读。

2. 待客。比如晋人南渡，在石头城以茶迎后渡者，又比如陆纳以茶待客以显清素俭朴。

3. 祭祀。古人以茶奉仙、供佛、敬神、祭先祖。从茶之事中的齐武帝下遗诏设茶为祭、剡县陈务之妻以茶奠古墓、余姚虞洪遇仙等故事中去解读。

4. 修炼。古人是以茶来帮助自身修行的，比如广陵老姥、丹丘子、陶弘景等。古人认为茶承载先天之阳，能让人轻身去乏，这也给以茶入道增加了更多的可能。

八之出

原文

山南以峡州上，襄州、荆州次，衡州下，金州、梁州又下。

淮南以光州上，义阳郡、舒州次，寿州下，蕲州、黄州又下。

浙西以湖州上，常州次，宣州、杭州、睦州、歙州下，润州、苏州又下。

剑南以彭州上，绵州、蜀州次，邛州次，雅州、泸州下，眉州、汉州又下。

浙东以越州上，明州、婺州次，台州下。

黔中生思州、播州、费州、夷州。

江南生鄂州、袁州、吉州。

岭南生福州、建州、韶州、象州。

其思、播、费、夷、鄂、袁、吉、福、建、泉、韶、象十一州未详。往往得之，其味极佳。

懒人点道

陆羽对产茶区品第的划分，后世争议很大。他是根据什么来分呢？难道就靠喝过某个地方的茶好或某个地方的茶不好？这样判断不会出错吗？万一像田忌赛马一样，某地的下品茶和另一地的上品茶对撞了呢？陆羽也不能保证喝过每个产茶区每个角落的茶吧？

所以，产茶区的品第排列，除了茶本身的味道之外，还有一个标准，是与分星分野有关。《史记·天官书》记载：星者，金之散气。注：五星五行之精，众星列布，体生于地，精成于天，列居错行，各有所属。在野象物，在朝象官，在人象事。

古人认为，地上的每个州，都对应着天上的一个星宿，州内的各个名山、水域、平原皆有所属，和星宿内的子星相对应。而星宿之气场的优劣亦有标准。所以，分星分野就直接决定了大区域的品第。

这部分的内容，我们将放在本书第四部分《品第书》（《顾渚山记》别名）中去具体阐述。

九之略

原 文

　　其造具，若方春禁火之时，于野寺山园丛手而掇，乃蒸，乃舂，乃以火干之，则又棨、朴、焙、贯、相、穿、育等七事皆废。

　　其煮器，若松间石上可坐，则具列废，用槁薪鼎枥之属，则风炉、灰承、炭挝、火筴、交床等废；若瞰泉临涧，则水方、涤方、漉水囊废。若五人以下，茶可末而精者，则罗合废；若援藟跻岩，引絙入洞，于山口炙而末之，或纸包合贮，则碾、拂末等废；既瓢碗、筴、札、熟盂、鹾簋悉以一筥盛之，则都篮废。但城邑之中，王公之门，二十四器阙一，则茶废矣！

懒人点道

"茶之略"这个题目很有意思,很多人都认为是"茶具的省略"。这个要结合上下文来理解。

前文是说在各种环境之中,可以视情况减少茶具用度而饮茶,这是告诉人们不可拘于一格的道理,不要像在城市的贵族之家,为了所谓的仪式感和娱乐性,去追求茶器的完美。

陆羽曾经因为李季卿和常伯熊等人追求茶的娱乐性而写下《毁茶论》一文,他又怎么会去追求器具的完美?

茶也罢,茶器、茶具也罢,皆为"我"所用。"我"岂可因缺一器一具而失饮茶之兴废观茶之道?

"但城邑之中,王公之门,二十四器阙一,则茶废矣!"对这一句话的理解,失之毫厘则谬以千里。这里的"但"不是"但是",而是副词表示范围,是"只,仅仅"的意思。所以,对这句话的正确理解是:若仅仅像城邑之中的王公之门贵族之流,二十四茶器缺一不可,则茶之道就废掉了(只留下娱乐的功用)。修行之人追求长生久世、逍遥自在,若被满满的仪式感、二十四器缺一不可这种概念束缚住了,又谈何身心自在?

所以,略,从田从各,举其要而用其精、用功少者皆曰略。这一章,是说茶之经略,茶道之经略。

十之图

原 文

以绢素或四幅或六幅，分布写之，陈诸座隅，则茶之源、之具、之造、之器、之煮、之饮、之事、之出、之略，目击而存，于是《茶经》之始终备焉。

懒人点道

图作为名词，意思是图画，但作为动词，它的本意就是谋划、反复考虑。这是说《茶经》的谋划。

"分布写之"也不是把上述内容分别写出来的意思。"分布"在古代是"散布，零零散散地铺开"的意思，比如，《国语·周语上》："阴阳分布，震雷出滞。"《后汉书·刘陶传》："西寇浸前，去营咫尺，胡骑分布，已至诸陵。"

"目击而存"是指把观物实践的所得记载下来。

这一章节是告诉我们：天下万物皆可观，要实践哪一项得反复考虑谋划，确定了之后，就要持之以恒，经常把观物实践的所感所得，零零散散而又分门别类地记载下来。最后，也就成为这一行业的大家了。

第三章

《茶诀》

山水有记忆，在宇宙的层次，任何发生过的故事，都会以介质或者传播的形式记录下来，以波粒和场的方式一直存在。当有后人与前人立同一志，走同一路，机缘巧合之下而同频，就能走入古人的世界，是为"友于古"。这也是灵感的一种获得方式。

历史上记载《茶诀》是由皎然创作的，我们前文也说过，皎然的茶叶知识胜过刚到乌程时候的陆羽。他还曾在《饮茶歌·送郑容》一诗中调侃过陆羽，"云山童子调金档，楚人茶经虚得名"。而陆羽的《茶经》也是在皎然的指点下完成的。皎然甚至还在《饮茶歌·诮崔石使君》中提出来了"茶道"一词，全句为"孰知茶道全尔真，唯有丹丘得如此"。皎然笔下的丹丘子，显然是指从西汉一直到西晋永嘉都留下传说的那位，而不是指当时隐居于嵩阳和李含光、李筌、李白等皆有往来的元丹丘，由此可见茶道由来之久远。

皎然对陆羽茶道文化的指点和讨论，主要发生在现在湖州的杼山之上。妙喜寺和三癸亭，就在这里。皎然的几百首诗歌集《诗式》都留存了下来，唯独和识茶用水用火相关的几首《茶诀》却失传了，显然是毁于后代茶文化的功利和娱乐化。2019 年秋，本人走进了杼山，于旅途中有感，遂将所感知的内容记了下来，供有志于此的茶人共同学习和考证。

环境诀一

物皆有本源于天，
天元地灵蕴仙茗。
一气氤氲纳星月，
紫笋青芽谁得识？

懒人注

物皆有本源于天　我们说的一气，就是阳气都来源于天，一画开天时只有乾卦一个阳爻，那就是天。

天元地灵蕴仙茗　一个地方的茶叶好或不好，首先要天气与地气和，如果地气过盛，那这个茶叶可能好喝，但是对养生不好。如果天气过盛，那这个茶叶可能味道不好，但对养生有好处。所以，一款好茶肯定是天气与地气达到了某种平衡的时候蕴养出来的。

一气氤氲纳星月　这句话说的是环境。在中国古代文化中，所谓的星辰星月，是天的精华之气所化生；而地上的奇石、玉石、金石之类的，就是地气中的精华所化生。在宋朝邵康节写的观物里面，就提出了天气的精华产生了星辰，地气的精华产生了奇石、金玉。亦有古人说星辰是地之精气所化，无论哪一种说法，都说明星辰之气和地气精华是有交感的。所以，这句话说明好茶出产的环境，要纳星月之气，也就是天上的精华之气，地上也相应有同类精华之气，显化为金玉、云母、水晶等灿烂的石头、奇石。

紫笋青芽谁得识　就是解释《茶经》里说的"紫者上，叶卷上"。其实，春天的笋尖很多也是紫色的，叶子也是往外卷的。

环境诀二

二气交感造化生，
灿石灵乳蕴仙茗。
阳崖阴林应物性，
叶卷色紫顺天时。

懒人注

这四句口诀再一次说明了产茶的好环境是在天地二气交感之处，类似于山脉的龙穴，产生了灿石灵乳。而阳崖阴林的环境，是符合了茶叶的物性，只有在这种环境之中，且顺天时而成的茶叶，才容易生长出叶卷色紫的精品茶。

用茶诀

茶性至寒用何为？
叶卷色紫细精择。
日曝火炼俭物性，
木生金收应茶德。

懒人注

茶性至寒用何为　既然大家都知道茶性至寒，那怎么来用呢？

叶卷色紫细精择　就是说首先要精择，在形式上要挑叶卷的，色紫的。

日曝火炼俭物性　择出来之后，当时的制茶工艺是通过太阳晒、生晒，然后就是火炼。因为制茶有很多手段，可以炒、炙、烘、焙、烤、煎、煮、再加上人的意念之火去提炼，所以用了炼丹的炼。

木生金收应茶德　春季五行是属木的，木是生长的，金是收的，所以要通过金性（金的属性，如炒茶的铁锅）把阳能量给收到茶里面去。另外，秋季的五行属性是金，气也是收敛的，有一些秋茶味道也是很好的，但是气下沉收敛。所谓秋水茶香，重味不重气者，就会喜欢这种茶。但是这和陆羽以阳气为上的宗旨相违背，故本人也不推荐。

用火诀

火分阴阳兼三才，
本无体质寄物象。
得时日曝真火上，
太阳星精属天阳。
地中阳火桑榆木，
箕精化桑地中存。
人心动念君火起，
炭失生性阴火王。

懒人注

古人用火也很讲究，火一样要分阴阳。比如阳燧、火齐珠之类，都是古人取阳火的工具。太阳真火为天之阳火，木柴之火为地之阳火，人心动念为人之阳火。制茶之火，首选天之阳火生晒，所以像传说中的丹丘子、葛洪等人都喜欢在上午太阳下曝晒生茶叶；次选用桑榆之火青炒；再次，才会在一些特殊时间和工艺中选用炭焙。当然，这样的天时首先是可遇不可求，其次晒出来的茶叶按现代标准干度肯定不够，不利于保存。而现代的电焙，应该是属于地之阴火的范畴，位炭火之后。

青叶诀一

物内存气细思量，
乾金天象分阴阳。
叶圆齿润内收敛，
头尖刺利外飘扬。

懒人注

流行者气，明理者象。不同时间的叶子表现出来的象不同，不同地方的茶叶表现的象也不同，不同品种的茶叶表现出来的象当然也不会相同，归根结底是因为它们内部所承载的气不同。我们把叶的圆形称作象天，乾圆以覆；把叶的方形称作象地，地方以载。而同为乾象圆形的叶子，我们还得再分阴阳，得清阳之气者，圆润通透；失清阳之气者，萎靡而色深沉。

茶叶的边缘都有很多锯齿，而这个锯齿的形状，也决定了茶叶的气场是内收还是外放。如果锯齿为圆形，圆为金形，主收；如果锯齿为尖形，尖为火形，主发射。所以在一些尖状叶类植物特别多的山区，会感觉空气特别好，就是因为尖状叶类植物把气场净化了，又发散了出来新的气的缘故。

青叶诀二

物内存炁细思量，
叶茎齿毫观分明。
叶卷色紫清阳化，
脉络清晰茎节长。
白合未开细如麦，
纹理润泽香胜兰。
茶毫柔顺左旋生，
神气内敛廉襜然。

懒人注

茶叶内所存之气的品类是会直接影响茶叶外观的。阳气旺的茶，除了叶子和颜色不同之外，它的茎节、脉络、叶齿、内部纹理、茶毫生长方向都有讲究。这是对茶叶从识常到入微层次的观察。

工巧诀

茶之为用式样齐，
药用俗饮先分明。
蒸捣拍焙今为上，
葱姜熬煮民间传。
曝晒青炒存物性，
工巧本因细叶择。

懒人注

这个口诀是告诉大家，用什么样的工艺来制作茶叶，是根据鲜叶的质量来决定的。上等的可以曝晒和青炒，而次些的茶，就得用熬煮蒸捣拍焙的方法了。

条索诀

茶形条索归八品，
一品一卦记分明。
乾类胡靴紫圆润，
兑二臆毫通柔顺。
离附浮云出山谷，
震动水波清风拂。
巽入澄泥清浊显，
坎陷雨后新治地。
艮阳高飞叶似锋，
坤化纯阴萎悴然。

懒人注

　　这个说法和"茶之造"中提到的八等是相同的。八卦八等，八个卦是从能量纯阳到能量纯阴逐步排列的，从一到八，就是阳气逐渐减少、阴气逐渐增加的过程。而茶叶的等级，也是根据这个标准来评判的。

品鉴诀

茶有万状分四象，散粗饼末优劣断。

嚼味嗅香非评判，气以形存观物象。

精腴晒炒散茶存，叶齿茎节看分明。

叶卷色紫齿圆润，节长茎壮野性样。

粗茶未经细精择，茎叶轮囷色洁莹。

参差紧致爪有劲，母叶马蹄定头次。

蒸捣易失茶中气，易存难辨充尘世。

膏多皮皱失膏光，日黄夜黑鉴制时。

过时瘠老碾成末，形毁象灭口鼻决。

所载即失品物性，香幽味淳知周全。

懒人注

从古至今，茶的制作工艺都是根据茶叶品质定的。只有最顶尖的茶，才能纯晒或青炒或烘蒸后以散茶形式存在。差一些的会压饼，再差的会磨成粉。因为散茶好坏一目了然。现在也一样，最好的古树生普，最好的福鼎白茶银针，皆不会压成饼，更不会打成粉。因为越复杂的工艺，茶叶精华越容易流失。

寻水诀

天一生水万物源，
体阴用阳地六成。
善恶寿夭气灵定，
动静温寒性味详。
斗牛女虚时方立，
甘淡咸苦物内含。
气灵时方四德显，
承载诸象五味全。

懒人注

古人认为，水的好坏，是由水中气灵决定的。而决定水中气灵的，主要有星象分野、具体方位、产生水的具体时间、矿物质含量等。古人把北方玄武七宿中斗牛女虚的分野和时间，定为好水产生的必要条件。因为其对应了河图的天一生水，也对应了一阳生和一阳地中升。这也是古人认为冬水和春水比夏水、秋水好的理论源头。

辨水诀一

观水亦要分阴阳，滋养万物天地泉。
天泉云雨露霜雪，地泉蒙江井海湖。
雨露无根胜霜雪，春水生物秋冬寒。
地逢丹泉蒙水上，沙水次之泥水下。
清轻甘活四字全，物情诡激细思量。

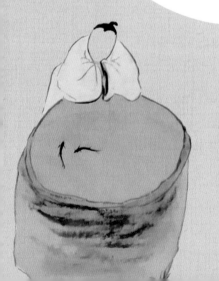

懒人注

水要分阴阳。现存《茶经》中说的"山水上、江水次、井水下"是被篡改过的,而自古论水的九字决是"蒙水上、沙水次、泥水下"。

辨水诀二

水含四德轻为上，物以类感应清阳。
天泉虽好世难求，饮水还需地中寻。
古来蒙水一分三，石中有泉定轻甘。
山水亦分上和下，山顶轻清下厚沉。
烂石金沙生灵乳，石池慢流曲有情。
泥中有泉清甘活，土性天然失轻扬。
江取远离烟火味，井水澄冽通阴性。
水性生木易耗泄，取贮银瓶瓷瓯瓮。

懒人注

　　一脉相承，对人体而言，好的水，要含清阳之炁。所以，无论是取水的时间，还是方位分野，都以满足含"清阳之炁"为前提。这口诀结合后文论水章，大家就能明白如何找好水了。

香甘诀

闻茶嚼叶辨香甘，
岂知香甘分阴阳。
地味酽烈甘厚腻，
天阳馨雅甘回环。

懒人注

香和甘也要分阴阳的。轻扬之香为阳，是上品；沉郁之香为阴，是下品。所以，自古茶带兰花香排第一，清、幽、雅、轻。而甘呢？淡雅鲜爽、入口无味、咽下口齿生津之甘，为阳气之甘，上品；厚腻之甘为土的味道，下品。

齐物心诀

一茶一叶一物，有象有精有信，
存形存气存灵，守神守魄守魂，
弱情弱欲弱志，明己明物明道，
知常知微知神，成象成册成界，
见形见气见灵，归心归一归虚。

懒人注

这是齐物的心法，也把前面齐物之道做了一个简单明了的概括。中国的传统文化根底都是相同的：道家齐物的相天相地相物相人是为了无相而归一；佛家的凡所有相，皆是虚妄，而追求诸法空相；儒家的"道不同，不相为谋"。（这里所有的"相"皆为第四声。）从无到有，是宇宙的生成过程，而从有到无，是我们的修行过程。

第四章

《顾渚山记》
暨
《品第书》

顾渚山，位于浙江省湖州市长兴县城西北 17 公里，海拔 355 米，面积约 2 平方公里，属水口乡顾渚村。我曾多次去过那里，寻找传说中的金沙泉、大唐贡茶院遗址、陆羽和陆龟蒙的花园等，考察紫笋茶基地的水土地气。

　　《顾渚山记》，为陆羽所写的书，但在《陆文学自传》中却不见记载。该书名在《四库全书》中出现过二十一次，只有"顾渚山记"的目录而没有具体的内容，其中四次提到"至今竟无纤遗矣"。

　　唐朝时，与陆龟蒙（？—约 881）为好友的皮日休（约 838—约 883）在《茶中杂咏序》中说："余始得季疵书，以为备矣。后又获其《顾渚山记》二篇，其中多茶事。"

　　在南宋有位晁公武（1105—1180），写了本《郡斋读书志》，该志是现存最早的、具有提要的私家藏书目录，基本包括了南宋以前的各类重要著述。在该书（卷十二·杂家类）中，有如下记载："《顾渚山记》二卷；右唐陆羽撰。羽与皎然、朱放辈论茶，以顾渚为第一。顾渚山在湖州，吴王夫差顾望，欲以为都，故以名山。"

　　南宋还有位陈振孙（1179—1261），写了《直斋书录解题》，在卷八谱碟类中，有如下记载："《顾渚山记》一卷，唐陆羽鸿渐撰。乡邦不贡茶久矣，遗迹未必存也。"

　　宋末元初马端临（1254—1323）的《文献通考》（卷

二百十八·经籍考四十五）中记载："《顾渚山记》二卷，晁氏曰：陆羽撰。羽与皎然、朱放辈论茶，以顾渚为第一。顾渚山在湖州，吴王夫差顾望，欲以为都，故以名山。"以及（卷二百六·经籍考三十三）中，记载了"《顾渚山记》一卷，陈氏曰：唐陆羽鸿渐撰。乡邦不贡茶久矣，遗迹未必存也。"一句。

宋元明清时论茶的典籍虽多，却不见引用《顾渚山记》的只言片语，可见，陆羽的《顾渚山记》在宋朝基本就已经失传了。

根据考察，《顾渚山记》为两卷，皮日休得到过完整版，他和陆龟蒙在顾渚山的茶园中，研究相关的茶文化，在此书的基础上进行了更完整的论述，就是后来传说中的《品第书》，其实还是完全根据《顾渚山记》的架构而来的。

因为《顾渚山记》有二卷，其中一卷就是记载陆羽行游洞天福地过程中的美景风光和山水次第，后人因为这个原因，把此书列入地理卷。而另一卷，记载了很多茶事，《茶经》中未曾出现的日晒、青炒、散茶、粗茶都有了记录和讨论。

陆羽选在湖州写《茶经》，并非因为亲如家人的李腾、李冶父女在此，当时李冶在绍兴剡中玉真观出家为道姑；也并非因为皎然在湖州的杼山妙喜寺当住持，而是因为湖州特殊的星辰分野。

金盖山上应北斗灵开宫，这在唐朝的《道藏》中是有明确记载的。传说中的八仙钟离权就因为这个原因曾把道场放在了金盖山，并名之云巢（汉钟离字钟云房），后来这里成为吕洞宾的选仙道场，宋代的邵康节少年游学时就曾在这里待过。

陆羽在写《茶经》的过程中是待在顾渚山茶园进行茶文化研究的，而这期间出现的《顾渚山记》竟然在陆羽的自传《陆文学自传》中没有提到，岂不怪哉？

所以，《顾渚山记》并不是陆羽单独的一本书，而是把它列为《茶经》第三卷的，也即我们说的《品第书》。可惜这些资料目前历史上已不可考，相信以后会出土更多的相关资料。那么，这部分中都包含了哪些内容呢？下面将一一进行介绍。

山水次第评判方法和标准

在第一章《齐物之道》的分星分野这部分中，我们曾提到过一句话：天之阳气胜地之阴气，生长之气胜肃杀之气；天有阴阳，天之阳胜天之阴；地有刚柔，地之刚胜地之柔。同气之内，阳气旺胜阳气衰，阴气弱胜阴气强。

这句话，实际上就概括了山水次第的评判标准。而接下来要做的，就是要确定山水所载之气场，山水所对应之星辰，以及相关星辰所对应的气场。

这三部分的确定，又离不开前面的那张图——八卦甲子图。当然，八卦甲子图也只是一种工具。如果会观星望气，如《晋书·张华传》中的雷焕一样，可以达到能看到斗牛之间的紫气升腾，能望到"龙光冲斗牛之墟"的程度，就不需要工具了。

首先，我们把地有八方类八卦，其次我们再把天有八风亦入八卦，再根据"天道左旋逆行，地道右旋顺转"的原理，把二十八星宿与后天八卦图一一对应，再把古代神州大地的各区域也和后天八卦图一一对应。这样，同气相求，我们就大概知道了分星和分野的原理。

然后，我们再根据后天八卦图中阴阳二气的运行原理，确定二十八星宿中，哪些星宿代表的是生气阳气，哪些星宿代表的是阴气死气，与它们交感的地球上的名山大川，也就有了相对应的气场，而山水中的玉石灵乳，就是在这天地二气的交感中产生的。

这天地之间，还有个转化：就是传说中的"天倾西北，地陷东南"。上古时期，天（北辰北斗）之生气灵气由中原大地的西北方昆仑山而入（现在各派学说还把昆仑山定为世界龙脉之祖），此气沿地脉一路向东南方向流转，经过大地的转化，成为最适合人类和动植物使用的地之生气。体在北极应太一，用化北斗应东南。

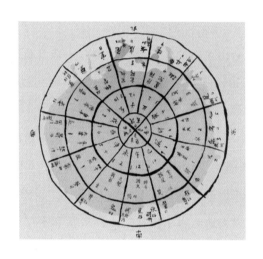

地支、星次和二十八星宿关系图

在古代，很多人是能观星望气的，他们并不用经过这么复杂的推演。而现如今，能推算出来具体的应对已经是难能可贵了。

在天，北辰北斗所生之元气灵气，感而发四方成四象，符合生长收藏之理。元阳之生气由女宿而发合牛斗箕尾心房氐七宿；长气合亢角轸翼张星柳七宿；元阴之气由柳宿而化合鬼井参觜毕昴胃以合收；藏气合娄奎壁室危虚女七宿。

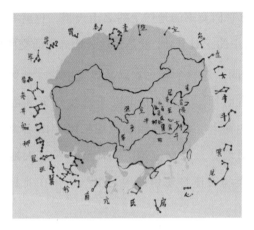

二十八星宿分野示意图

以当时昆仑山正对的东南沿海一带，上合女宿。所以，东南方上应玄武七宿，西北方上应朱雀七宿，东北方上应青龙七宿，西南方上应白虎七宿。

天道左旋，地道右旋。上古中原地区，从东南的女宿开始，居四正位的相隔十度一宿，居四隅位的相隔十五度一宿，这样二十八宿和地上的对应就完成了。

现代学者以天地为水平图把二十八星宿和十二州代入，根据经纬度来判断，得出来的科学解释，据说也相差不多。对此，有兴趣的读者可以自己去研究。

分野中的以四象之东方青龙为首及十二星次之星纪为首，经隋唐时期的各位大家考证，觉得没有二十八星宿之以十二支子为首来的准确，所以唐朝之后分野以子为首。但各代观星师，根据自己理解，对各星宿的分野，都有不小的出入。

除去斗转星移的原因，各朝疆域不一，而各派观测星宿和山川的方法不同也造成了一些影响。比如，本人根据目前的地图，就对历史上的各种分野方法，不尽认同。但这不影响我们对茶叶象数理气的研究，毕竟大方向是没问题的。

古代星宿对应十二州，后来又以十二个古国号来对应。

《晋书·天文志》记载了十二州，乃兖州、豫州、幽州、扬州、青州、并州、徐州、冀州、益州、雍州、三河、荆州，分别由郑、宋、燕、吴（越）、齐、卫、鲁、赵、魏（晋）、秦、周、楚十二古国瓜分，如箕、尾二宿代表燕，属幽州。

分野简图及说明
（这是历史上各派分野中的一种，仅供大家参考）

1. 角、亢、氐：陈、兖州、韩、郑。对应的大概是现在河南省东部和安徽省北部、今山西省东部和河南省西北部、河南省新郑一带、山东兖州。

2. 氐、房、心、尾：豫州。原先是宋的分野，大概是今河南省东部及山东省、江苏省、安徽省之间。

3. 尾、箕：幽州。燕国的分野，大概是今河北省北部和辽宁省辽河以西。

4. 斗、牛、女：扬州。这三个包括的地方很广。斗分野在吴，牵牛、婺女，则在越，包括了今江苏省南部和浙江省全境，在汉代扩展到今福建省、广东省、海南省等省份全境及江西省东部、越南北部地区。

5. 女、虚、危：青州。主要是齐的分野，包括现今山东省及辽宁省辽河以东，及河南省东南一部分。

6. 危、室、壁：并州。主要是卫的分野，今河北省保定、正定和山西省大同、太原一带。

7. 奎、娄：徐州。主要是鲁的分野，在今山东省南部和江苏省西北部。

8. 胃、昴、毕：冀州。主要包括赵、魏的分野，今山西北部和西南部、河北省西部和南部一带、陕西省东部一带。

9. 毕、觜、参：益州。主要是魏晋的分野，今山西省大部与河北省西南地区。

10. 井、鬼：雍州。主要是秦的分野，今陕西省和甘肃省一带，还包括了四川省的大部分。

11. 柳、七星、张：三河。主要是周的分野，三河即河东郡、河内郡、河南郡三郡的合称，河东郡、河内郡属九州中的冀州，而河南郡属九州中的豫州。

12. 翼、轸：荆州。主要是楚的分野，主要是湖南省大部分，以及湖北、安徽、广东、江西、贵州等省份。

这样就有了一个地支、方位、十二星次、二十八星宿、分野与黄道十二宫的对照表：

显然，这样的分野，还是太泛泛，所以这样的资料，只是针对大众而言的。在专门研究天象的阴阳家手中，他们有一份特别详细的分野图。

毕竟十二州和十二古国的边界，并不是很明确，而且经常有变动。所以，道家、阴阳家把二十八星宿及北辰诸星和地球上中原大地的对应，详细到一座座山脉，这就是后来洞天福地及其排序的由来。

这个对应，已经超越了星宿，而是细化到星宿所属的那些星星。这里简要列举二十八宿和地上的二十八山（资料来源自《尚书禹

《贡》《水经注》《乙巳占》）：

角：千山，古称岍山，在陕西省宝鸡市陇县。

亢：岐山，在陕西省岐山县。

氐：荆山，陕西省阎良区、三原县、富平县三地交界处。

房：壶口，西临陕西省延安市宜川县壶口乡，东濒山西省临汾市吉县壶口镇。

心：雷首山，位于今山西省中条山脉西南端，介于黄河和涑水之间，主峰在山西省芮城西北。

地支	方位	十二星次	二十八宿	十二分野	黄道十二宫
辰	东方苍龙	寿星	角、亢、氐	郑·兖州	天秤宫
卯	东方苍龙	大火	房、心	宋·豫州	天蝎宫
寅	东方苍龙	析木	尾、箕	燕·幽州	人马宫
丑	北方玄武	星纪	斗、牛、女	吴·扬州	摩羯宫
子	北方玄武	玄枵又颛顼	虚、危	齐·青州	宝瓶宫
亥	北方玄武	诹訾又豕韦	室、壁	卫·并州	双鱼宫
戌	西方白虎	降娄	奎、娄、胃	鲁·徐州	白羊宫
酉	西方白虎	大梁	昴、毕	赵·冀州	金牛宫
申	西方白虎	实沈	觜、参	魏（晋）·益州	双子宫
未	南方朱雀	鹑首	井、鬼	秦·雍州	巨蟹宫
午	南方朱雀	鹑火	柳、星、张	周·三河	狮子宫
巳	南方朱雀	鹑尾	翼、轸	楚·荆州	室女宫

尾：太岳，位于山西省中部、太原盆地南部和临汾盆地东北部，太行山和吕梁山之间。主脉霍山，最早被称作"霍泰山"，位于山西省临汾市。

箕：砥柱山，位于河南省陕县东北的三门峡黄河中间。

斗：析成山，位于山西省晋城市阳城县西南部30公里处，主峰为圣王坪。

牛：王屋山，王屋山风景区位于河南省西北部的济源市，东依太行，西接中条，北连太岳，南临黄河，是中国九大古代名山之一，也是道教十大洞天之首，道教主流全真派圣地。

女：太行山，太行山脉位于山西省与华北平原之间，又名五行山、王母山、女娲山，是中国东部地区的重要山脉和地理分界线。

虚：恒山，山西省大同市东部张家口市南部。

危：碣石山，位于山东省无棣县城北三十公里处的大山村北。

室：西倾山，位于甘肃省东南、青海省东部，在青藏高原东南部边缘处，属于昆仑山系巴颜喀拉山的支脉。主峰哲格拉臣肖位于甘肃省甘南州玛曲县尼玛乡境内。

壁：朱圉山，在今甘肃省天水市甘谷县西南三十里。

奎：鸟鼠山，位于甘肃省定西市渭源县城西南八公里处，是渭水的发源地。

娄：太华山，即西岳华山，位于陕西省渭南华阴市。

胃：熊耳山脉是秦岭东段规模较大的支脉之一，位于河南省，崤山东南，分布在洛河与伊河之间。

昴：外方山，是秦岭东段规模较大的山脉之一。它位于河南省内，熊耳山的东南面，大致分布在伊河以东和北汝河以南。

毕：桐柏山，位于中国河南省、湖北省边境地区，其主脊北侧大部在河南省境内。

觜：陪尾山，位于山东省济宁市泗水县城东 25 公里。

参：潘冢山，位于陕西省汉中市宁强县境内，为汉水发源地。

井：荆山，位于今河南省灵宝市阌乡南。相传黄帝采首山铜铸鼎于此，亦名覆釜山。

鬼：内方山，位于湖北钟祥县西南，又名章山。

柳：大别山，坐落于中国安徽省、湖北省、河南省交界处。是长江与淮河的分水岭，主峰白马尖位于安徽省六安市霍山县境内。

星：岷山，位于甘肃省西南部、四川省北部。

张：敷浅原，位于江西省德安县南的博阳山。

翼：庐山，位于江西省九江市庐山市境内。

轸：衡山，又名南岳、寿岳、南山，为中国"五岳"之一，位于湖南省中部偏东南部，绵亘于衡阳、湘潭两盆地间，主体部分位于衡阳市南岳区、衡山县和衡阳县东部。

这就是《禹贡》山川配二十八宿。我只在张和轸之间稍做了下交换，其他基本没有改动，只是配上了现代的地址，方便大家去实证和研究。

对于其中一些对应，我是持保留意见的，比如，王屋山对应牛宿之类。这应该是为了符合王屋山为十大洞天之首而附会的。岂不知当初评的十大洞天，并不是对应的二十八星宿。因为最初的十大洞天，是上天遣群仙统治之所，它所对应的是斗极体系。而三十六洞天和七十二福地，是适合修仙之所。两者之区别，大约类似于中央驻地方机构和各高等修行学府之别。

《汉书·律历志》云："六物者，岁时日月星辰也。辰者，日月之会，而斗建所指也。玉衡勺，建天之纲也，日月初躔之星纪也。是以斗牛系丑次，名纪下系地，分野当吴越。"

史上各类分野，都稍有出入，比如，班固的《汉志》十二次分野，费直《周易》分野，蔡邕《月令章句》分野，未央《太一飞符九宫》分野等。

但是，对斗牛女的分野，都大同小异。汉时的斗牛女三宿至少包括了今天的浙江省全境、福建省全境、江苏省南部、安徽省南部、河南省东南部、江西省东部。

而根据本人的观察，宁德福鼎市的太姥山入女一度，而宁德的霍童入女一度至牛十五度。而这，也是东方朔把太姥山列为十大洞天之首的原因，亦是唐末杜光庭把霍童山洞列为三十六小洞天之首的原因。

我们再来细看一下，陆羽在《茶经》中的"茶之出"所列出来的地点：

山南，以峡州上。峡州今属湖北省宜昌市，古人虽把它列入翼轸之分野，但它却刚好坐落在西北古昆仑、终南山和东南太姥山、霍童的连线上，而且，个人认为，它入牛宿合适。

淮南，以光州上。光州今属河南省信阳市光山县，为河南省东南部，入女宿，亦在西北东南连线上。

浙西，以湖州上。湖州就是今天的浙江省湖州市，亦入女宿，更是有金盖山上应北斗开宫。

剑南，以彭州上。彭州今属四川省彭州、都江堰。入井宿。

浙东，以越州上。越州今属浙江省绍兴、余姚、上虞、诸暨、萧山等地，入牛女二宿。

综上可知，陆羽所列出来的所有上等产茶区，几乎全在斗牛女三宿。而现在我们所知的各种名茶，几乎也是产在这三宿的。唯一的例外是井宿的彭州，其实，现在的云南也应该是入井鬼二宿的。

北辰北斗之气，冲而分两仪，元阳入玄武七宿之虚，元阴入朱雀七宿之星，阴阳相感而生四象，元阳随女牛斗左旋上升，元阴随柳鬼井右旋下降。古代有人为了和北斗七星对应，强加了南斗六星，就是指的斗宿，玄武第一宿，生气来源之所。故民间又有了"南斗主生"的说法。

而在地，女牛斗三宿主华东一带，正是现在的产茶名区，天阳主气强，为上品；而柳鬼井三宿主四川西南和云南一带，亦是现在的产茶名区，地阴主味重，亦为上品。所以，如果追求喝茶清阳之气的，就会更喜欢华东茗茶；而有些追求味重的人就喜欢云南普洱。

对养生或修行而言，元阳胜元阴，所以华东胜云南。大部分的三十六小洞天和七十二福地，都在斗牛女三宿的分野上，但这只是泛泛之理。大家切记，还有"一物一乾坤"和"物情有诡激"的道理在。所以，云南也有特别好的茶，华东也有特别不好的茶。而昆仑、终南应太一，承载天气倾入，天气重未经大地所化而地气势微，故难产茶。

论洞天福地及各处茶山之山水品第

　　明朝有一个人叫钟惺，是陆羽的竟陵老乡，也是竟陵派的文学家，他对于山水名胜有一段高论："凡高者皆可以为山，深者皆可以为水也。……一切高深，可以为山水，而山水反不能自为胜；一切山水，可以高深，而山水之胜反不能自为名；山水者，有待而名胜者也。"那么，山水何所待而"名胜"？他的结论是："曰事、曰诗、曰文，此三者，山水之眼也。"

　　有"眼"才有魂魄，才有神韵。我们不得不承认钟惺立论的精当，解读三山五岳的风物胜景，便可能产生心有灵犀一点通的默契。

　　洞天福地者，因事、因诗、因文，三者皆得，可谓灵魂；然则，在古代道家文化中，山水自带先天之气，几乎每座名山，都对应着有名的星宿，山水精气与星辰精气遥相呼应，物以类遥相感也。此星辰地气可谓山水之神，神清则目秀，此神气经"文人雅客"生发，成事、成诗、成文，成了山水之灵魂。

　　接下来，我们看一下陆羽对茶山山水的品第。

顾渚茶第一

陆羽心中的茶山，评顾渚为第一，大概不会有什么反对的意见。顾渚山海拔355米，西靠大山，东临太湖，气候温和湿润，土质肥沃，极适合茶树生长。唐代湖州刺史张文规称："茶生其间，尤为绝品。"茶圣陆羽与后来的陆龟蒙都在此地置茶园，并从事茶事研究。前文已经讲过，宋时尚存有记载的《顾渚山记》中明确有"与朱放辈论茶，以顾渚为第一"之语。中国历史上第一家茶叶加工场——大唐贡茶院的遗址也在此（现已重建，但没在原址重建）。

那里的山水，本人曾仔细走过。当然也去过金沙泉，但是没看到《长兴县志》中描述的"有碧泉涌沙，灿如金星"的景象。《新唐书·地理志》："湖州金沙泉以贡。"杜牧诗云："泉濑黄金涌，芽茶紫璧截。"说的就是这里的紫笋茶，金沙泉。时人就有"金沙泉瀹紫笋茶，青翠芳馨，茶汁如茵，嗅之醉人，啜之甘洌，品之赏心"的评价。

这里为什么会被评为第一？这里的金沙泉不符石中泉的原理，连蒙水也算不上吧？那么，这里的茶山符合"上者生烂石，阳崖阴林"吗？植被烂石是不明显的，而因背山面湖，勉强符合阳崖阴林。这里也上应二十八宿之女宿，但难道仅仅因为这个原因，就被陆羽评为第一茶？

还有后人不知原因，强行把陆羽《茶经》中对天下诸茶的共性"紫者上，绿者次"视为是专门描写紫笋茶的，这种理解殊为可笑。

在唐朝的《道藏》中有记载：金盖山上应北斗灵开宫。那么，灵开宫是什么宫？北斗七宫中可并没有一个灵开宫。在古代，神仙的总称为灵圉，比如，司马相如的《大人赋》的"悉征灵圉而选之兮，布众神于瑶光"。所以，古代传说神仙是住在北斗九星上的，更高级的神仙则住在北辰的紫微星系上，而灵开宫指的就是众灵所待的开阳宫。

曾经有这样一个说法：南斗主生，北斗主死。南斗主生前面已经说过了，而为什么北斗主死？在某个层次上讲，这里的"主"是通假"住"字，北斗住死，人间"死而不亡""身死神活"之类的高阶仙灵，是为灵圉，居北斗。

北辰北斗的灵气元气，经过运化，入开阳，到瑶光。所以瑶光所指，成了号令中原大地节令的标杆：瑶光指东，天下皆春；瑶光指南，天下皆夏；瑶光指西，天下皆秋；瑶光指北，天下皆冬。

而湖州的金盖山，对应着正是这颗开阳正星，这也是八仙之一钟云房以此为行宫，此山名云巢之由来；同样也是吕洞宾立此为选仙道场的原因所在。而我们都知道，开阳星两边还有两颗星：左辅和右弼。左辅对应哪里暂且不提，而右弼星，对应的正是宜兴的黄龙山。

北斗九星对应着一白二黑三碧四绿五黄六白七赤八白九紫，紫色亦为人间最高色，盖房子开门也讲究个紫气东来。宜兴的黄龙山，出了世间唯一的紫砂矿，而在金盖山和黄龙山连线中间的顾渚，以及宜兴，出紫笋茶。

因此，陆羽和朱放、皎然等，把顾渚茶列为第一。

惠山第二泉

惠山坐落于江苏无锡西郊，属于浙江天目山由东向西绵延的支脉，最高峰为三茅峰，海拔 328.98 米。南朝称历山，相传舜帝曾躬耕于此。其九峰如九条顽皮的苍龙，挤在一起，头东尾西，淹没于太湖之中。"挹九峰之苍翠，瞰太湖之波涛"，故又称九龙脊。

惠山依然是入女宿，古代吴地皆入女宿，而女宿对应的十二地支位置是子，对应后天八卦的时间是冬至之后，小寒，即坎卦第三爻。虚宿入坎卦中爻，节气就应冬至。

所以，如果陆羽排名第一泉，除非有其他特殊的星辰对应，否则一定会在虚女牛斗四宿中寻，而且会在终南至霍童的连线上。道理很简单：北方玄武七宿主水，又为天之元阳生气所化，无论是地之精显示于天，还是天之气相应于地，虚女牛斗四宿，理论上才能出好水。惠山泉显然满足这样的条件。

惠山泉还符合山水蒙，蒙水上的特点，亦属于石中泉，惠山北坡有石门，是无锡母亲河梁溪河的发源地。经三茅峰向下，可看见大片的石林和悬崖峭壁，宛若一扇门，于是俗称"石门"。

泉有双池，上池八角形水质最佳，中池呈不规则方形，是从若冰洞沁出，故又称冰泉。至于是因为若冰和尚发现而称冰泉，还是因为水温一年四季冷冽若冰而称冰泉，个人倾向于后者。因为泉水是从石壁中沁出，水质又好，水色偏青偏白，又称石乳。苏东坡向人推荐惠山就是这样说的："雪芽为我求阳羡，乳水君应饷惠泉。"

中唐时期诗人李绅也曾赞扬道："惠山书堂前，松竹之下，有泉甘爽，乃人间灵液，清鉴肌骨。漱开神虑，茶得此水，皆尽芳味也。"

惠山泉开凿之前，陆羽就在顾渚山，与惠山泉隔湖相望。陆羽也曾多次去惠山试泉观茶，现在惠山泉的另一名字，就叫陆子泉。自陆羽之后，各朝高官、皇帝、文人墨客都对惠山泉赞赏有加，写惠山的诗词也是数不胜数。

直到乾隆皇帝，他称了天下的泉水，惠山泉只比玉泉重一点点。所以，乾隆将北京玉泉排为第一，惠山泉名副其实依然排第二。

《辨水决》中第一句就是"水含四德轻为上，物以类感应清阳"。水越轻，说明包含的杂质越少，水中承载的是清阳之气；水越重，说明包含的杂质越多，或者水中承载的是浊阴之气。

那么，惠山泉能够排名第二就是因为这些原因吗？本人游览过很多名泉名山，如果说符合这些条件的，还真有不少。那为什么陆羽独独把惠山泉排第二？我们继续推断。

惠山九峰，其中有一个峰叫锡山，这也是无锡名字的由来。

陆羽《游慧山寺记》云："山东峰当周秦间，大产铅锡，至汉兴锡方殚，故创无锡县，属会稽。后汉有樵客山下得铭云，有锡兵，天下争，无锡宁，天下清；有锡沴，天下弊，无锡乂，天下济。自光武至孝顺之世，锡果竭，顺帝更为无锡县，属吴郡。故东山为之锡山。"

不过，当代地质部门的专家不认可这种说法，因为他们经过考察，认为锡山没有产锡的地质条件，断定所谓锡山周秦间产锡之说，乃出于后人的附会。

但是，至少陆羽是认可锡山产锡的。而且，在更深的岩层之下，谁敢保证一定无锡呢？毕竟，现代科技能探测到的深度也是有限的。

那锡对水质会有影响吗？当然有。要知道，锡的性味是味甘、性寒。那经过锡矿石层的水会不会甘？会不会冷冽？

许慎的《说文解字》中说：锡者，银、铅之间也。有人认为锡有毒，说"锡为砒母，砒为锡根"。但也有古人认为无毒，他们这样描述锡：锡是排列在白金、黄金及银后面的第四种贵金属，它富有光泽、无毒、不易氧化变色，具有很好的杀菌、净化、保鲜效用，生活中常用于食品保鲜。现在有很多高端茶叶或食品的包装，还在用内层镀锡的袋子。

锡在古代还有药用的功效，《济急仙方》中有记载，锡可解砒霜毒：锡器于粗石上磨水服之。

早在远古时代，人们便发现并使用锡器了。在我国的一些古墓中，便常发掘到一些锡壶，人们用之煮水，温酒。本人小时候，家有里一把锡壶，就是用来温酒的，把米酒倒入锡壶，直接放火盆上温热，方便实用，酒的味道似也更为甘醇。

其实，锡有毒无毒，是要看具体情况的，看杂质成分和工艺、时效等。这个话题就不继续探讨了。现在要说的是，陆羽正是因为锡的关系，评定惠山为第二泉。

《新修本草》："锡，出银处皆有之。"这说明锡和银是同气相求，而现在科学认可银壶对水的净化作用。《夷坚志》："女人多病瘿。地饶风沙，沙入井中，饮其水则生瘿。故金房人家，以锡为井阑，皆夹锡钱镇之，或沉锡井中，乃免此患。"

如果井水不干净，古人会把锡块放在井底来净化，陆羽显然是认可这一理论的。而在符合所有位置条件的情况下，这里古代是锡山，岩石深层下至少有符合产生锡的条件，金生水。所以，后来好多文人雅客不服气，觉得惠山泉应该排第一才对。

明代有位镇江知府，尽管被誉为天下第一泉的中泠泉就在他的辖区之内，但他还是认为第一的桂冠应该让给惠山泉。诗人王世贞也吟出："一勺清泠下九咽，分明仙掌露珠圆。空劳陆羽轻题品，天下谁当第一泉？"

虎丘第三

虎丘山，原名海涌山，据《史记》记载，吴王阖闾葬于此，传说葬后三日有"白虎蹲其上"，故名虎丘。又一说为"丘如蹲虎"，以形为名。虎丘山高仅30多米，面积0.19平方公里，却有"江左丘壑之表"的风范，绝岩耸壑，气象万千。它有2500多年的悠久历史，有"吴中第一名胜""吴中第一山"的美誉，宋代大诗人苏东坡还写下"尝言过姑苏不游虎丘，不谒闾丘，乃二欠事"的千古名言。

关于虎丘的茶叶，很多苏州的当地人，大概也只知道碧螺春，却不知虎丘的白云茶。当然，虎丘实在太小了，茶叶也太少，故陆羽没把白云茶载入《茶经》。而白云茶却是因为陆羽，才在虎丘出现的。

提起白云茶，不得不说到另一个地方，那就是位列十大洞天之四的搁船尖。陆羽之时，那里叫新安南山（古徽州，现在属歙县）。搁船尖上的茶和虎丘的茶，缘分匪浅，其缘由就是陆羽从搁船尖移植了白云茶种植在虎丘的。最早他移植了搁船尖上的两个品种，一种叶子白而通透，一种叶子黛色的，叶微微带黑，不怎么青绿。搁船尖的这两种茶，应该是三国时的葛玄所植。白云茶最初是指叶子白而通透、飘逸如浮云的品种，《茶经》之造中有"浮云出山者，轮菌然"的描述，即指此野生白云茶；另一个品种，就是现在的顶谷大方茶。而顶谷大方的工艺，又是在明朝之时，大方和尚从虎丘带到搁船尖去的。

关于陆羽移植白云茶，也有下面一则有趣的传说：

唐天宝年间，李白出翰林院，从洛阳东游，路经同华传舍，见壁上有许宣平诗云："隐居三十载，石室南山巅。静夜玩明月，明朝饮碧泉。樵人歌垅上，谷鸟戏岩前。乐矣不知老，都忘甲子年。"李白叹曰："此神仙诗也！"遂越岭翻山，多次赴新安南山访仙不遇，相逢不相识，失之交臂，憾而饮，醉。

许宣平留诗一首——《见李白诗又吟》："一池荷叶衣无尽，两亩黄精食有馀。又被人来寻讨著，移庵不免更深居。"焚庵而隐入翠微洞府。三年后，陆羽观星望气，循八白洞明之分野而至。陆遇许公而相见恨晚，双石洞下，小飞瀑边，煮茶夜谈。

许公曰：昔葛仙得乌角先生道统，于南山中，借"石门九锁，六甲遁首"之势，布奇门阵，温养所炼之丹，以修《九丹金液仙经》，此茶园为葛仙所遗也。予获天缘，得《太上洞玄灵宝经》，习"服御养身，休粮绝谷"之道。遂与鸟兽为群，独景空山孤旅岩穴，远弃荣丽，栖憩幽林，爱山乐水，耽玩静真。子习齐物之道，可知物性、人性、天性焉？

陆羽曰：予曾往茅山拜见玄静先生，先生曾言"天性，人也；人心，机也"，天性见于人性，而欲见人性，必先见己性，又因人性近习远，故夫子教我，于物性中寻机也。

许公曰：善哉斯言。予有一拳，名曰三世七太极，心诀为四性归元之法，今言子知："世人不知己之性，何人得知人之性。物性亦如人之性，至如天地亦此性。我赖天地而存身，天地无物不成形。若能先求知我性，天地授我偏独灵。"

陆羽曰：西晋子玄有言："故天者，万物之总名也。莫适为天，谁主役物乎？故物各自生而无所出焉，此天道也。"物自独化，物各自生，物各有性，性各有分，此为用也；用百而体一，物性归一合人性。人若能忘言，忘意，忘形，忘我自纠习远之偏，则人心得机是为天性也。

许公曰：忘我而得机，世人皆可修乎？

陆羽曰：六祖曾留谒一首："世人若修道。一切尽不妨。常自见己过。与道即相当。"儒圣亦有"吾日三省吾身"之说。有我难见过，无我性合天。先生身居南山巅，心斋安乐里，自然与万物为一矣。

许公曰：子观茶性而入，捷径乎？子可知乎，万物皆有神性也。而人性，最易为神性诱惑拖拽而神往，迷于物性而不自知。予观子，神入外物而虚，慎之慎之。

陆羽叩而谢之。次日晨起，羽见许公行导引之术，和谐于山水之间。

功毕，羽谓许公曰：何谓三世七焉？

许公曰：拳之道，习之以常，用之以变。世人皆知阳极于九，子可闻阳极于七乎？

陆羽曰：未曾闻也，公以教我。

许公曰：一变为三，三变为七。数极于九，而变极于七也。三也者，可为过去，现在，未来也；亦可为先天，中天，后天也。公羊曾以所见、所闻、所传闻而立三世说。于拳也，融三世为一体，尽世间之变，引先天之气以粹后天之体，及高深处，知过去未来，感前世今生，吾未及也。

陆羽曰：噫，吾知之矣。现在在过去未来之间，中天在先天后天之间。则得机在忘我未忘之间也。无心亦心，无我亦我，此阴阳平衡之道也。观物同得而不贪，与物合性而不积，不贪不积，是为真观。

陆羽归，移南山中白云茶植于虎丘。

许宣平隐于新安南山，就是现在的歙县金川搁船尖景区。那里是古徽州文化的发源地，古徽州人文始祖汪华曾于此学得奇门遁甲，许宣平所传太极功拳，名为三世七。在宋谱中明代宋远桥在记载家学太极功的承传过程时写道："自予而上溯，始得太极之功者，受业于唐于欢子许宣平也，至予十四代也……"。清末《端芳王府太极拳秘诀抄本·张三丰祖师承留后世论》中也记有"……精一及孔孟，神化性合功，七二乃文武，授之至予来，自著宣平许……"。

李白访仙许宣平多次而皆无缘得见。在 760 年前后，陆羽入搁船尖，因其为道家传人故，许宣平现身与其相见，并稍稍指点了一下年轻的陆羽。陆羽这次行程可说是收获颇丰，不仅得到了许宣平的点化，还把搁船尖的白云茶带到了虎丘。

这段两地历史上茶来茶往的缘分，现代几乎已经没人知道了。关于白云茶的品种，当初我在搁船尖专门问过当地的制茶大师潘根平，他说在茶园里看到过那种茶，但我没有找到。也许因为那里发展山核桃产业，把茶给砍或挖了。

两地茶缘还有一个小小的佐证：搁船尖的茶园海拔在 800 到 1000 米左右，虎丘海拔只有 30 来米，和虎丘同处苏州的碧螺春采茶时间一般是在三月中旬。而虎丘白云茶，无论哪个品种，采茶时间都要到四月中旬谷雨前几天。文肇祉《虎丘山志》记载云：

白云茶"僧房皆植，名闻天下。谷雨前摘细芽，焙而烹之，名曰'雨前茶'"。采摘的时间并没有因为海拔的大大降低而改变，和原产地搁船尖茶园的采摘时间基本保持一致。

唐朝的韦应物在苏州为官时，曾专门写了首诗——《喜虎丘园中茶生》来赞美白云茶："洁性不可污，为饮涤尘烦。此物信灵味，本自出仙源。聊因理郡余，率尔植山园。喜随众草长，得与幽人言。"

在明朝时，曾有高官向寺僧索虎丘茶不得而动用酷刑，寺僧一气之下，刨了茶根。清代文人文震孟写的《剃茶说》（薙茶说）就记载了这个事件。所以，清代的顾湄、陈鉴说见过的虎丘白云茶，已经不是正宗的白云茶了。白云茶已成绝响，希望以后能在搁船尖茶园的野山中找到。

陆羽在虎丘不仅移植了白云茶，还挖了口井，现在被称作"陆羽井"。他本人把虎丘水陆羽泉评为天下第五，而刘伯刍把虎丘泉评为天下第三，世人遂以天下第三泉称之。

陆羽井四周石壁陡峭如削，浑然天成，被苏东坡赞为"铁华秀岩壁"，后人遂称其为"铁华岩"。清代范承勋将这三个大字刻于壁上，其侧还有芝南书"第三泉"。明代王叔承曾赋诗赞道："陡崖垂碧湫，古苔铁花冷，中横一线天，倒挂浮图影。"明代王鏊曾赋诗："翠壑无声滑碧鲜，品题谁许惠山先，沉埋断础颓垣里，搜剔松根石罅边，云乳一林沉瀣分，天光千丈落虚圆。闲来弃置行多恻，好谢东山悟道泉。"

虎丘之水，入女宿三度，蒙泉、石中泉皆是符合的。除此之外，还有其他什么原因让陆羽和刘伯刍把虎丘泉的名次排这么高吗？

主要是因为有这样两个传说：

第一，虎丘曾是海湾中一座随着海潮时隐时现的小岛，历经沧海桑田的变迁，最终从海中涌出，成为孤立在平地上的山丘，人们便称它为海涌山。"何年海涌来？霹雳破地脉，裂透千仞深，嵌空削苍壁。"隔河照墙上嵌有"海涌流辉"四个大字。虎丘之泉，潜通大海，又被称作"海涌泉"。镇江金山寺的扬子江中水中冷泉，为江涌泉，排第一。那从灵气充足的海中涌来的泉经过奇石岩的层层过滤，气场自然足。

第二，公元前 496 年，吴王阖闾在吴越之战中负伤后死去，其子夫差把他的遗体葬在这里。据《史记》等书记载，当时征调十万军民施工，并使用大象运输，穿土凿池，积壤为丘；灵柩外套铜椁三重，池中灌注水银，以金凫玉雁随葬，并将阖闾生前喜爱的"扁诸""鱼肠"等三千柄宝剑一同秘藏于幽宫深处。据说葬后三日，金精化为白虎蹲其上，因号虎丘。又因为虎丘其形似白虎蹲着，"同类相感，气以形存"之故。虎丘其金精之气，金生丽水，而使虎丘之泉清、轻、甘、冽。

歙州南山（搁船尖）

搁船尖景区现在属于黄山市。黄山，古代时也叫黟山，很多书上说黄山对应的星宿是牛宿，但根据观察和推演，并非如此。

搁船尖也是有名的洞天福地，位列十大洞天之四，三元极真洞天。据说也是帮源洞的实际所在地。历史上留下了东华帝君、九天玄女等各种神仙传说，现在还有玄女庙留存。

汤显祖曾写过一首诗："欲识金银气，多从黄白游；一生痴绝处，无梦到徽州。"其中的"黄白"游，指的是两座山，"黄"当然是黄山，即黟山，这无可争议；而"白山"争议就大了，现在基本上说是白岳山，即齐云山。那么，"白山"真的是指齐云山吗？其实不是。

当年距李白新安访仙许宣平之后没几年，陆羽也来到了古徽州，他不访仙，他是观星望气，寻水问茶。他去了黄山，但黄山并不是他的目的地，他最终要去的是搁船尖。后来，他在搁船尖找到了白云茶，并把它移植到虎丘。他曾在《茶经》中明确说"凡艺而不实，植而罕茂"，但自己却花大精力移植了白云茶。

那他为什么要去搁船尖？又是怎么评价搁船尖的山水呢？大概是这样说的："歙州下者，上应女虚之交，山多怪石，色多黑，泉温性重，不宜产茶；然南山上应洞明，多奇石云母，泉其液也，轻清甘洌，石池慢流，中有葛翁手植茶园，堪称极品。"

这种说法，一致不错，但细微之处有待商榷。毕竟本人走过黄山的各处茶山，走过雅山，走过太平的猴坑猴岗、婺源、祁门、三阳……大部分地方大约因为虚宿所应，一阳初动，天气生而未生、化而未化，不易被万物所用，而使茶叶寡淡（应了《茶经》所言：茶性俭，不宜广），故为下。

而歙州南山，就是指的搁船尖，上应洞明，洞明指什么？它又称为八白左辅星。而陆羽长期在开阳和隐元星（九紫右弼星）对应之分野研究茶叶，他怎么会不去搁船尖？所以搁船尖是白际山的主峰，也就是古代传说中的白山（上应北斗九星之八白）。

这里也有个小小的佐证：黑山白山是黑白徽州的起源，这大概没什么人有异议。被尊为古徽州人文文化始祖的汪华，就出自搁船尖，他在搁船尖学的奇门遁甲。这在唐时的《新安志》和《徽州志》，都是有明确记载的。

上应洞明星故，所以搁船尖之顶，也是传说之中的大光明顶，还是明教的屯兵基地，明朝起源和国号皆缘于此。刘伯温也是在这里学到了奇门遁甲，"三分天下诸葛亮，一统江山刘伯温"，洞明终究是比孔明亮啊……

女宿一度太姥山

太姥山历史悠久，挺立于东海之滨，三面临海，一面背山。主峰覆鼎峰，海拔917.3米。传说东海诸仙常年聚会于此，故有"海上仙都"的美誉。

南宋《淳熙三山志》卷三十五长溪县："太姥山旧名才山。"《力牧录》云：容成先生尝栖之，今中峰下有石井、石鼎、石臼存。

王烈《蟠桃记》：尧时有老母以蓝练为业，家于路旁，往来者不吝给之。有道士尝就求浆，母饮以醪。道士奇之，乃授以九转丹砂之法，服之，七月七日乘九色龙而仙，因相传呼为大母。山下有龙墩，今乌桕叶落溪中，色皆秀碧，俗云：仙母归即取水以染其色。

汉武帝命东方朔授天下名山，乃改母为姥。山凡有三十六奇。

太姥山被封为三十六名山之首，并在悬崖上题刻"天下第一山"。唐朝达到鼎盛时期，唐玄宗赐题"尧封太姥舍利塔"，唐明皇李隆基敕建兴国寺，随着白云寺、岩洞庵、玉湖庵、灵峰寺等的兴建，太姥山逐渐成为道教、佛教的活动中心之一。

而这些寺中，独独没有历史悠久、同样是唐朝所建的天门寺。那么，太姥山中天门寺究竟是谁人所建？

本人喜欢山，也喜欢海，所以几乎每年都会去太姥山待一段时间。太姥山的奇石，天下闻名，自古有"太姥无俗石"的说法。而且山体蕴藏的矿产也极其丰富，主要有铅、锌、银、镉、明矾石、石英岩、高岭土、玄武岩等。

传说尧帝时有一老母在此居住，以种兰为业，为人乐善好施，深得人心，并曾将其所种绿雪芽茶作为治疗麻疹的圣药，救活了很多小孩。人们感恩戴德，把她奉为神明，称她为太母，这座山也因此名为太母山，也就是今天的太姥山。

这就是福鼎白茶最早的起源传说。陆羽在《茶经》中记载："永嘉东（南）三百里有白茶山。"据茶界的权威陈橼教授考证："永嘉南三百里是福建福鼎，系我国白茶原产地，白茶山是指有'海上仙都'美誉的国家级风景名胜区福鼎太姥山。"

清代名人周亮工在《闽小记》中更是清楚地记载："太姥山古有白茶，今呼白毫银针，产者性寒凉，色香具绝，而尤以鸿雪洞为最，功同犀角，为麻疹圣药，运销国外，价同金埒。"

而据我所知，东方朔把太姥山列为十大洞天之首，而不是三十六名山之首。陆羽是去过太姥山的，陆羽观星望气知太姥山上应女宿，无论是以星纪为标准还是唐朝的以地支之子为首（子入坎卦，女宿对应的是坎卦上爻，应冬至一阳生的生发之气），又知太姥山有新品种白茶，他怎么可能会不去呢？

但是不知道由于什么原因，这样的资料在太姥山地方志中竟然没有留下记载。陆羽自从去东南后，再也没有回过竟陵，包括积公禅师圆寂时，他也没回去。但他对小时候生活的地方，对学艺的天门山，总还是心存念想。他在太姥山寻茶的时间段，差不多是积公禅师圆寂的时间。他在太姥山中，没住在鸿雪洞附近，而是住在了现在的天门寺。天门寺的名字，也和陆羽直接相关。

陆羽住在太姥山天门寺，是因为这里有水。我一直以为天门寺处的那眼泉，叫九龙吸水，后来友人告诉我，是叫十三龙吐气，这个地方有一个久远神秘的传说。据说有一天，天门寺的老当家外出找水源，看见一个小洞里面有泉水长年不断地流出来，就钻进去探探究竟。洞里面只能容一个身体较瘦的人爬行前进，要爬六十米左右才到这个地方，有十三个洞口都围着一个大锅大小的小池滴水。池水清澈无比，非常甘甜，而且回味持久。

我曾经在太姥山三次寻找这处水源，最后一次请了天门寺八十多岁的老主持来带路，终于找到了这个地方。十二块石头围在四方，中间有一块圆石，有个小水潭。到此，方才知晓，这才是真正的太姥之心。和前山的太姥之心一阴一阳，互为表里。大自然的造化，实在是太神奇了。

太姥山的最高峰覆鼎峰，在唐朝的时候，应该是叫新月峰。古籍中"新月"本来是"朔"之后第一次能看到的月（因为"朔"的时候是看不见月亮的），时间大致为农历初二或初三，也称"三日月"，故有"一弯新月"的说法。其象征含义是上升、新生、初始光亮、新的时光，也是古代道人采月华之气的时间。古人以坎卦，类月之象，暗合了此山一阳新生。

而太姥山的本名叫才山，为什么叫才山？因为古人认为，这是草木初生之山。才的本义，就是草木初生的意思。"天倾西北，地陷东南"之气，从太姥山一带入东海，上应女宿一度，适合万物生之气，由此初生亦初升，加上山体内的石英、银、明矾等矿都是天然的净水器。这里的水，清轻甘甜洁冽，自然入水中上品。

才山青翠蔽日，山间溪涧清泉。

晴日岚雾缭绕，阴天云海茫茫。

金清水白坎月象，白毫银针此中寻。

庐山中的林峦表

讲到庐山，我们就从唐朝时张九龄（673或678—740）的一首诗说起吧。诗的名字就叫《入庐山仰望瀑布水》：

绝顶有悬泉，喧喧出烟杪。

不知几时岁，但见无昏晓。

闪闪青崖落，鲜鲜白日皎。

洒流湿行云，溅沫惊飞鸟。

雷吼何喷薄，箭驰入窈窕。

昔闻山下蒙，今乃林峦表。

物情有诡激，坤元曷纷矫。

默然置此去，变化谁能了。

这是一首论水的诗，特别是其中两句："昔闻山下蒙，今乃林峦表。"这是古人对水质的标准出现了争议，而张九龄所处的年代，比陆羽略早。

唐朝之前的古代，论水以蒙水为上，说起蒙水，曾经有好几个地方都认为自己所处区域的水是蒙水。比如，广西蒙山县南的蒙江之水，《元和志》中卷三十七《蒙州立山县》记载，蒙水"旧名泾水，在县北二里"。比如，青衣江之水，蒙以山名，雅安以茶叶圣地蒙山，青衣江水起源于蒙山，自然也可以称为蒙水。这大概和江州刺史张又新列庐山桃花源康王谷谷帘泉为天下第一，列庐山观音桥招隐泉之水为天下第六同出一辙。地方争资源，古来有之。

其实，蒙出自《周易》的山水蒙卦，艮上坎下，至少有四个方面的意思：

一、卦的本象之意：山下有水，即艮为山，坎为水。是故《茶经》说山水上。

二、卦象引申之意：艮为石头，坎为水。即要石中有泉。

三、蒙卦互出复卦，上坤下震，艮山要有坤性（静而顺），坎水则要有震性（动而活），所以蒙水一般都符合石池慢流。再看艮、坎、震，皆一阳爻为主。说明蒙水要以含清阳之气为主。

四、蒙，草木初生的样子，或者表示儿童灵智未开、保持天真的样子。是以蒙水往往是初生之水，而不是在山林或江河中奔流的携带各种复杂信息的水。

因此，唐之前的古人论水以蒙水为上。但在唐朝的时候，突然出现了以林峦表面之水为上的说法，而且代表之地就是庐山的瀑布之水，这是为什么呢？

陆羽在庐山的时候，应该是隐居在今称观音桥风景区和桃花源风景区的。观音桥坐落于庐山东南麓的星子县境内。观音桥原称栖贤桥，又称三峡桥，在观音桥的桥东有一口好泉水，这泉的大名叫"招隐泉"，陆羽在当年评定天下名泉时，将这口"招隐泉"定为天下第六泉。

三峡涧的地表岩层是庐山，也是江西最古老的花岗岩地区，花岗岩虽然很坚硬，但也禁不起天长日久的水流冲击，水滴石穿，山溪冲出的二十四个水潭，潭潭不同，水化石头成万般形态。

栖贤谷是庐山中最宽大的山谷，山谷是南北走向的，从东边的五老峰、团山，经北边的含鄱岭、太乙峰，至西边的大小汉阳峰，一路上呈扇面展开。而来自东、北、西三面山岭上的众多山中小溪流汇集成四条主要的山溪后，像四条大水龙一样，齐聚在三峡涧中。满山的溪流水在这里会师后，竞相夺路而下，一路惊雷喷雪，震山撼岳，演义出二十四潭争一桥的大气势。

就靠着这样的山龙水势、石池急流，在观音桥东的岩层中，造化出了一口泉，就是招隐泉。泉水自基岩裂隙中流出，色清味甘，长流不竭。

而同在庐山被传为天下第一泉的谷帘泉，在桃花源风景名胜区的康王谷中。康王谷深山有泉，发源于汉阳峰，据地方志书记载："泉水西行为枕石崖所阻，湍怒喷涌，散落纷纭，数十百缕，斑驳如玉帘，悬注三百五十丈，故名谷帘泉。亦匡庐第一观也。"

唐张又新《谢山僧谷帘泉》诗："消渴茂陵客，甘凉庐阜泉，泻从千仞石，寄送九江船。竹柜新茶出，铜铛活火煎，散花浮晚菊，沸沫响秋蝉。……超递康王谷，尘埃陆羽篇。何当结茅屋，长在水帘前。"宋陈舜愈《谷帘泉》诗："玉帘铺水半天垂，行客寻山至此稀；陆羽品题真黼黻，黄州吟咏尽珠玑。重来一酌非无分，未挈吾瓶可忍归；终欲穷源登绝顶，带云和月弄清晖。"而朱熹曾经用隶体书写了"谷帘泉"三字，刻于涧旁崖壁之上。

相传陆羽曾应洪州（今江西南昌）御史萧瑜之邀前往做客而评饮过谷帘泉，中间还碰到了江州（今江西九江）刺史张又新，故事情节和李季卿、陆羽品中泠泉之水如出一辙，应该是后人杜撰。陆羽卒于804年，而张又新到814年才考取进士，其后才被迁为江州刺史，张又新焉能以江州刺史的身份与陆羽在一起品评谷帘泉呢？

关于庐山的各种文人雅客、诗词联颂，在此就不多提了。本书要说的是这里的分星分野。王勃在《滕王阁序》中说："星分翼轸，地接衡庐。"说的就是衡山和庐山的分野，衡山上应轸宿，而庐山上接翼宿。

翼宿，翼火蛇，属火、为蛇，南方朱雀七宿之第六宿鹑尾，居朱雀之翅和尾部，在五月间出现于南方。翼宿入后天八卦巽卦之中爻和上爻。

巽为风，翼主飞，一切是不是很合理？正如谷雨之后，冬至一阳生的一年一循环之气离开万物，阳入阳位，飘在空中。这时候，天气上升，地气下降，阴阳离绝。空中纯阳，地内主阴，来自空中的雨水就携带着天上的阳气而下。所以，此宿相应的山脉，林峦表之水为主，是符合星相易理的。

关于庐山的茶，《庐山志》载：庐山云雾茶"初由鸟雀衔种而来，传播于岩隙石罅……"，又称钻林茶。钻林茶被视为云雾茶中的上品，但由于散生于荆棘横生的灌丛，寻觅艰难，不仅衣撕手破，而且量极少。据说始于汉代，纯野生，由晋代净土宗高僧慧远大师（334—416）改造而为家种园茶。而到了明朝朱元璋之后，正式有了庐山云雾茶的称谓。明代万历年间的李日华《紫桃轩杂缀》即云："匡庐绝顶，产茶在云雾蒸蔚中，极有胜韵。"

庐山，自古以来，是云的故乡、雾的世界。"千山烟霭中，万象鸿蒙里"，生长在这里的茶，"雾芽吸尽香龙脂"，生态自然是极好的。因为巽卦翼宿，天地之气交而未化，地气上升缺阳负，天气下降无阴抱，自成一处云雾世界。

所以在说到庐山云雾茶的时候，通常会用六绝来表示："条索粗壮、青翠多毫、汤色明亮、叶嫩匀齐、香凛持久、醇厚味甘。"

条索粗壮为阴自成形，它的香，是冷香而烈；它的味，是醇甘而厚。这就是因为地气过重，天气不交的原因。当然，云雾茶依然是很好的茶，只是以陆羽所定的天气胜地气、清阳为上的标准，《茶经》之中"茶之出"，没有出现洪州和江州上的字样。

谷帘泉的水好，本人是认可的。但是，陆羽把它定为第一，就有待商榷了。毕竟陆羽在《茶经》中明确说过："其瀑涌湍濑，勿食之，久食令人有颈疾。"而且，瀑布之水，沿山峦之表奔流而来，活则活矣，但洁呢？

《煎茶水记》中张又新借陆羽之口说"楚水第一，晋水最下"。而唐时的衡庐皆属楚地。谷帘泉第一也是见于张又新的书中。所以，很有可能是张又新任江州刺史之时，自己加入的。

这些内容还是让史学家去研究。象数理气前面已经讲清楚，读者可以自己去分别。"泻水置瓶中，焉能辨淄渑。"岂不知世有齐物之道，有观物之法？

栖霞山

　　栖霞山三面环山，北临长江，山有三峰，主峰三茅宫又称凤翔峰，海拔 286 米；东北有龙山；西北有虎山。"龙盘虎踞，凤入栖霞。" "一座栖霞山，半部金陵史。"

　　栖霞山位于南京市栖霞区，又名摄山，被誉为"金陵第一明秀山"，南朝时山中建有"栖霞精舍"，因此得名。栖霞山素有"六朝胜迹"之称，史上曾有五王十四帝登临栖霞山，其中乾隆六下江南，五次驻跸栖霞山。它为什么有这么大的魅力？

　　栖霞山自南朝以来就是佛教圣地，栖霞寺为众寺之首。《栖霞寺修造记》云："金陵名蓝三，牛首以山名，弘济以水名，兼山水之胜者，莫如栖霞。"昔时山间盛产野参、当归、首乌、茯苓、甘草等养生滋补中草药，皆有摄生之效，故俗称摄山；又因整个摄山自主峰以降，形如雨伞，亦名伞山。

　　南朝之前，栖霞山名不见经传，而南朝之时，因平原人明僧绍，将其宅院"栖霞精舍"赠予法度禅师，法度将院改建为寺，并命名为"栖霞寺"，此山因一寺而名传千古。时也命也？这亦算山水的命运吧！

　　这位明僧绍，擅长以山水之变识天地之气，进而观王朝兴衰。他本隐于崂山，而因世乱，他渡长江，隐江乘（是南京在南朝时期下辖的一个县，故址在今南京市栖霞区仙林大学城一带，为长江下游重要渡口）摄山。

　　这个故事在《南史》卷五十中《列传第四十》里有记载：泰始季年，岷益有山崩，淮水竭齐郡，僧绍窃谓其弟曰："夫天地之气，不失其序，若夫阳伏而不泄，阴迫而不蒸，于是乎有山崩川竭之变。昔伊洛竭而夏亡，河竭而殷亡，三川竭岐山崩而周亡，五山崩而汉亡。夫有国必依山川而为固，山川作变，不亡何待？今宋德如四代之季，尔志吾言而勿泄也。"

栖霞山中有雨花茶，陆羽曾在此种茶考察。陆羽在栖霞山种茶的范围在现今凤翔峰和龙山之间的坡谷地，即如今的白乳泉、青锋剑、试茶亭一带，其住处称陆羽精舍。

栖霞山的雨花茶，历史由来已久。现在有人把陆羽在《茶经》"茶之事"中曾经记述的《广陵耆老传》中晋元帝时老妇卖茶的故事，当作南京雨花茶起源之早的佐证，是有待商榷的，因为那时候的广陵，估计更多指的是今扬州地区的仪征江都一带。

陆羽的确是在栖霞山中研究过茶的，有当时深受张九龄器重的大历十才子之一的皇甫冉（716—769）诗一首为证：

《送陆鸿渐栖霞寺采茶》

采茶非采绿，远远上层崖。

布叶春风暖，盈筐白日斜。

旧知山寺路，时宿野人家。

借问王孙草，何时泛碗花。

在说栖霞山之时，我们不妨先看一下附近几公里不远处的另一座山——紫金山，即钟山。紫金山古称金陵山，战国时楚国在此建金陵邑，就是由此山得名。汉代称钟山，因古时"风水先生"称此山为龙脉，王气所"钟"之处，即王气集中积聚的地方，故名钟山。此山拔地而起，形似盘曲的巨龙，称为"钟阜龙盘"。

因战国时楚国的缘故，张又新《煎茶水记》中记载陆羽说的"楚水第一"亦可能是指这一带，毕竟中泠泉、惠山泉、虎丘泉皆在这一线上。泉由地出，女宿所应更符合阴阳之理。

紫金山的岩体为紫色，最高峰有一岩体长年露在外，没有任何的植被生长，从远处看山顶紫光闪闪。东晋初年，晋元帝渡江之时，发现紫金山顶峰常有紫金色的云彩缭绕，故称之为"紫金山"，简称"金山"。而我们前面说过，古人认为紫色为人间最高色，紫气为帝王之气。所以这里自始皇帝斩龙气之后，诸葛亮、刘伯温等人亦留下了许多故事和传说。

那金陵为什么有龙气？在中国古代的堪舆术中，龙分两种，一是山龙，二是水龙。据著名堪舆宗师、三国时术士管辂的《管氏地理指蒙》载，中国除了三条大山龙外，还有五条水龙，而长江、黄河就是其中的两条水龙脉。黄河之水发源最远，但河水四时皆浊，造化不可妄测；长江之水为四渎之长，其势浩荡，九曲回肠，为养水龙之水。

金陵所在的位置，得天独厚。长江从九江鄱阳湖中开始，一路往东北方向，沿安庆、铜陵、芜湖，在路过金陵之时，夹江相会，有情环绕，经镇江开始转向东南方向，直入东海。

所以，此九曲有情之水龙之气，经金陵时结穴，而栖霞山和紫金山，就在此处的江边，自然得长江水龙之气滋养。

历史传说，秦始皇就是发现了此龙穴之地，东巡来到了栖霞山上，使用河流改向泄地气、鞭打灵山破龙眼、易名辱踏秣马郡、挖沟埋剑断龙脉等以镇金陵王气。谁知，始皇帝的所作所为终是有伤天和地脉，枉费心机，秦朝二世而亡。

南唐诗人朱存有感于此，感慨曰：

> 一气东南王斗牛，祖龙潜为子孙忧；

> 金陵地脉何曾断，不觉真人已姓刘。

水龙之气，自然是茶叶最好的滋养，携水龙之气而来的一汪清泉，方不负天下第一泉之名。既然此处已经提及，那么扬子江心水、天下第一泉——润州（今镇江）中泠泉就不单独列出来讲了。

会稽山

　　会稽山，原称茅山、亩山，位于浙江绍兴北部平原南部。传说中"三过家门而不入"的上古治水英雄大禹，一生行迹中的四件大事：封禅、娶亲、计功、归葬都发生在会稽山。秦始皇在去栖霞山指点金陵龙脉之前亦来到了这里"上会稽，祭大禹"。

　　宋朝开始，会稽山成了五镇之中镇，而在唐之前，只有四镇。《旧唐书》卷二十四《志第四·礼仪四》载："五岳、四镇、四海、四渎，年别一祭，各以五郊迎气日祭之。"

　　而《宋史》卷一〇二《志五十五·岳渎》记载："立春日祀东镇沂山于沂州。立夏日祀南镇会稽山于越州。立秋日祀西镇吴山于陇州。立冬祀北镇医巫闾山于定州，北镇就北岳庙望祭。土王日祀中镇霍山于晋州。"

　　《正统道藏》中有唐末广成先生杜光庭编的《洞天福地岳渎名山记》，他把会稽山列为南镇：在"五镇海渎"中，明确记载："南镇会稽山永兴公，在越州。"

　　山中有阳明洞天为道家第十洞天。明代心学大家王守仁（字伯安）曾筑室于阳明洞中，世称阳明先生，故称该学派为阳明学派。阳明洞又称为禹穴，离禹穴十来米，又有"禹井"，传说是大禹所凿，故以此命名。此井后来又被称为"葛仙翁炼丹井""大如盆盂，其深尺许，清泉湛然"。

　　边上有水若耶溪，因有西施浣纱处，故又名浣纱溪，为第十七福地。若耶溪源头在若耶山，山下有一深潭，据说就是郦道元《水经注》中的"樵岘麻潭"。相传若耶溪有七十二支流，自平水而北，会三十六溪之水，流经龙舌，汇于禹陵，然后又分为两股，一支西折经稽山桥注入镜湖，一脉继续北向出三江闸入海。而下有铜矿，即现在的平水铜矿。从勾践时期越国的青铜器之发达，就可以想见此矿开发之早了。这里有最好的铁和青铜，还有古人认为的最好的水，所以欧冶子也躲在这里铸剑。

中国唯一洞天福地双栖处的龙端宫就在此处。我曾查过《会稽志》等各种地方记载，未找到李冶出家之处剡中玉真观，疑为剡中之王羲之故里金真馆（金庭观、金真宫）。

当时陆羽和皎然是经常来这边的，一来两地本不远，又是洞天福地，茶好水优；第二因为李冶在此出家，也因为这里是皎然的祖地（谢灵运就出生在会稽）。

在会稽山，还有一口和大禹有关的泉，非常有名。因为这眼泉的名字，直接来自孔子对大禹的评论。在《论语·泰伯》中有孔子对大禹的评价，子曰："禹，吾无间然矣。菲饮食，而致孝乎鬼神；恶衣服，而致美乎黻冕；卑宫室，而尽力乎沟洫。禹，吾无间然矣！"这眼泉，就直接命名为菲饮泉。泉水亦四季不涸，清凉甘洌。

宋朝之时，这里还建了一个咸若亭。之所以提到这个亭，是因为它所要表达的意思，咸若之理和陆羽的茶德（茶人之德）特别像。"咸若"二字出现在《书·皋陶谟》："皋陶曰：'都！在知人，在安民。' 禹曰：'吁！咸若时，惟帝其难之。'"后人以"咸若"称颂帝王之教化，万物皆能顺其性、应其时、得其宜，是谓咸若。

在比唐朝更古的古代直至先秦，九州分野据以十二星次，十二星次之星纪之首，即牵牛星，牛宿。在更古代的版图中，会稽山堪称东南第一山，星纪居丑位，丑为金库，金生丽水，星又为金之散气……这样，古人就认为会稽山上应牛宿一度。如果当时就确定了十二地支之子为首，古人会不会把会稽山入虚宿或女宿？

据我观察，在分野以子为首的前提下，会稽山应该是虚宿和女宿交界处，几乎整个浙江和江苏南部、黄山一带，都上应女宿。织女星，是一万两千年前的北辰之主北极星，大概也会是一万两千年后的北极星……

虚宿对应的是坎卦中爻，而女宿对应的是坎卦上爻。会稽山上值女虚之交，星象人事互相推，所以，绍兴之人，亦会受星象之气的影响。坎为水主智，一阳内明而外二阴隐，所以人们外柔而内刚，善于隐忍而多谋。绍兴一带文风炽盛，人才辈出。古有勾践卧薪尝胆三千越甲可吞吴，后有绍兴师爷四海扬名，皆应坎象。

无论是星际为首，入丑支艮卦牛宿，还是以地支为丑，入子坎卦虚女宿，越州之水土皆是应清阳之气而成。所以，越窑似玉、似冰、色青（青色为后天生长之色，为阳；白色先天为阳，后天为阴），最适合泡茶，被陆羽排为第一。

杭州

唐时的杭州，辖境相当于今天的杭州城、余杭、临安、富阳、海宁等市县。这些市县之中，有现在的十大名茶之首西湖龙井产地狮峰山，及周边产茶区天竺山、灵隐寺等西湖群山；临安有个道家洞天名为天目山，东天目到西天目有七个山头我都穿越过；余杭有个径山，径山上的万寿禅寺也是建自唐代，而且径山还是禅茶的起源地，并在唐时就传到了日本。

宋之后，杭州有很多志和传中都提到了陆羽，比如，《钱塘县志》《灵隐寺志》《宋高僧传》《余杭县志》《咸淳临安志》……现代亦有人引经据典来证明陆羽是在余杭写的《茶经》，比如《茶圣陆羽在余杭著茶经考》。

陆羽曾多次来到杭州，而这样一个地方，他在"茶之出"中的论断却是：杭州下！

当时，有三位文采斐然的和尚，他们都很有名，分别是：湖州杼山妙喜寺的皎然、杭州灵隐寺的道标、越州会稽山云门寺的灵澈。长三角一带有谚语赞扬他们："霅①之昼，能清秀。越之澈，洞冰雪。杭之标，摩云霄。"

皎然当时是禅、律双修，其师承正是灵隐寺的守直律师。以陆羽和皎然的关系，和杭州灵隐寺自然走得近。现在余杭的双溪

注：①霅指霅溪，水名，现在叫东苕溪，代指湖州。昼指皎然，俗家名谢清昼。澈就是指的灵澈上人，标指道标。能以道标为号，说明道行还是得众僧认可的。据《宋高僧传》载："又景陵子陆羽云：夫日月云霞为天标，山川草木为地标，推能归美为德标，居闲趣寂为道标。名实两全，品藻斯当"。

和径山，还有陆羽泉和禅茶小镇。陆羽肯定是在径山待过的，他以茶实践齐物之道，又从小出身释门，怎么会不去径山的万寿禅寺研究禅茶？

现代人想论证陆羽写《茶经》的所在地的就有余杭、湖州、上饶、庐山等地方，其实大可不必论证，陆羽的足迹肯定是遍布这些地方的。而陆羽的茶文化研究和《茶经》也不是"一时一地"能完成的。正如《茶经》之十"茶之图"所说："分布写之，目击而存。"

那为什么断语是杭州下？我们先来看《茶经》里"茶之出"中说杭州的这段话：

浙西，以湖州上，（湖州，生长城县顾渚山谷，与峡州、光州同：上。生山桑、儒师二坞，白茅山、悬脚岭，与襄州、荆州、义阳郡同：次。生凤亭山伏翼阁飞云、曲水二寺、啄木岭，与寿州、衡州同：下。生安吉、武康二县山谷，与金州、梁州同：又下。）常州次，（常州义兴县生君山悬脚岭北峰下，与荆州义阳郡同：次。生圈岭善权寺、石亭山，与舒州同：次。）宣州、杭州、睦州、歙州下，（宣州生宣城县雅山，与蕲州同：又下。太平县生上睦、临睦，与黄州同：又下。杭州，临安、於潜二县生天目山，与舒州同：次。钱塘生天竺、灵隐二寺，睦州生桐庐县山谷，歙州生婺源山谷，与衡州同：下。）润州、苏州又下。（润州江宁县生傲山，苏州长州县生洞庭山，与金州、蕲州、梁州同：又下。）

读者是否会感到震惊？现在所谓的名茶产地，十大名茶也好，各种金奖得主也罢，不是"下"，就是"又下"，能入"次"的都很不错了。我们先来看看大唐时的浙西，产生了多少种现在的知名品牌茶：

唯一一个上等的顾渚紫笋茶，现在很多人大概都没听说过，更别说见过了；

同为紫笋茶产生的宜兴，列第二等；

排在第四等又下的安吉，现在产生了名满天下的安吉白茶；

排在第三等的杭州茶区，除临安和於潜有洞天福地排在第二等外，排在第三等的天竺山和灵隐山产生了现在十大名茶排名第一的西湖龙井；

排在第三等的婺源产区，产生了十大名茶之一的祁门红茶；

排在第四等的太平县产区，现在产生了十大名茶之一的太平猴魁；

排在第四等的长州县洞庭山茶区，现在也产生了十大名茶之一的碧螺春。

那么，造成这种巨大差异的原因在何？是陆羽写错，是斗转星移地气有变，还是……

我们再来温习一下前面说过的标准：天气胜地气，生长之气胜肃杀之气；天有阴阳，天之阳胜天之阴；地有刚柔，地之刚胜地之柔；同气之内，阳气旺胜阳气衰，阴气弱胜阴气强。

这次，将它换成通俗一点儿的语言：北辰北斗产生的元阳之气对应的山水胜元阴之气对应的山水；玄武七宿和青龙七宿对应的山水胜过白虎七宿和朱雀七宿所对应的山水；正应星辰的山脉胜过受星辰余气滋养的山脉；地下有贵金属（金银铜铁锡等）或稀有贵重矿产（玉石、水晶、云母、石英等）的山水胜过地下是泥沙黄土黑土的山水；阳崖一面的山水胜过阴山坡谷中的山水。

现在再根据作者前面说过的洞天福地山水次第的例子去比较，是不是比较清楚了呢？

比如，上等产区的峡州，看看它处在的方位，找找它所对应的星辰，了解它的水系来龙去脉，再查查它地下的岩层和矿产，那里可是有最丰富的地质带，震旦系、寒武系、奥陶系、志留系、二叠系、三叠系、第三系、白垩系、泥盆系……峡州全占了。那里依然有紫岩紫土，"水到此而夷，山到此而陵"的夷陵在那里，出产现在有名的"秭归脐橙"的秭归在那里，远安的鸣凤山、灵龙峡，群峰叠嶂，正好形成了一个"西北高，东南低"的小天地。不进去看看，怎么能理解"三峡门户""川鄂咽喉"的气势？

再比如，陆羽列为下等的杭州中现在顶级西湖龙井产区狮峰山，绕山而过的钱塘江水脉来自新安江和马金溪，怎么和长江水龙之气比？而且，古代唐之前杭州还没有足够分量的山或建筑镇守水口。西湖群山对应的，也是牛女星系的余气。狮峰山一带的土壤由"西湖石英岩"的残破积物和粉砂岩、粉砂质泥岩风化而成的白砂土与黄土组成，虽然很适宜茶叶品质的形成，但却不符合陆羽的标准。如果不是有乾隆皇帝的大力推崇，又哪来的十大名茶之首？所以，先天不足，后天也是可以来凑的，但有这种机缘的山水，也不多见。

就地脉和人伦而言，商家会炒作最好的东西吗？不会。因为最好的不需要炒作，自然众人认可；商家会炒作没有量的东西吗？那也不会，因为没有量，炒作不划算。商人要炒作，就炒作次好，次次好，而量又跟得上去的或是容易种植、容易以次充好、容易易地而植的。

呜呼，陆羽一代大家，岂会在经籍上乱写？区区千年时光，斗转星移未半，又何来地气转移？皆因茶人失德矣，否则陆羽晚年又何必写下《毁茶论》？茶德又岂是后人附会的"精行俭德"？

请看下一章：茶德、茶人之德和《毁茶论》。

茶德、茶人之德和《毁茶论》

关于茶德和茶人之德，陆羽在《茶经》"茶之源"有一句："茶之为用，味至寒，为饮，最宜精行俭德之人……"对这段文字中的"精行俭德"一词，众说纷纭。

有当代茶圣之称的吴觉农先生主编的《茶经述评》解释为注意操行和俭德；（吴觉农著：《茶经述评》，第1—4页，农业出版社，2005年。）此外，还有品行端正有勤俭美德，精诚专一，没有旁骛等说法。这些解释大多把精行和俭德并列，分别释义，前者基本是品行端正之意，后者基本是俭朴美德之意（蔡定益：《茶经精行俭德一词研究综述》，《农业考古》2009年第5期。）还有人从词性解释：此处的"行"是动词，而"精"是专一的意思，用以说明"行"的程度。《古今韵会举要庚韵》谓精，专一也。所以"精行俭德"应该理解为：专一践行自律品德。

关剑平在研究茶的精神时，首次发掘出更深层次的含义，他在《茶与中国文化》一书中提出俭字本意即为约束、限制、节制。其根据是《说文解字》：俭，约也。鲍志成在《"精行俭德"：陆羽茶德思想探源及当下意义》中把精行看成是"精进修行"，把"俭德"看成是"俭以养德"。

真可谓是歧义百出，莫衷一是。然而以上种种理解全部是错误的。

为什么？因为断句首先就断错了。为什么喝茶会和人的品德扯上关系？虽然古代道家和佛家，好茶往往和修行相关，但却不一定与人的品德相关。老子《道德经》五千言中的德，也不是指人们常说的品德，而是指遵行自然规律。

本书在第二部分的注解中已经讲过，《茶经》中陆羽说的"精行俭德"四个字是用来描述制茶的，而不是说人，所以他的断句是这样的："茶之为用，味至寒，为饮最宜精行俭德之。人若热渴、凝闷、脑疼、目涩、四肢烦、百节不舒，聊四五啜，与醍醐、甘露抗衡也。"只有精行俭德之，之后的茶叶才会由"味至寒"变成甘甜，可"与醍醐、甘露抗衡也"。

所以，茶诀说，茶性至寒用何为？既然茶性至寒，那怎么来用呢？叶卷色紫细精择，就是说首先要精择，在形式上要挑叶卷的、色紫的，也就是承载阳能量多的茶叶。择出来之后日曝火炼俭物性，当时的工艺是通过太阳晒，生晒，然后就是火炼，因为制茶有很多手段，可以炒、炙、烘、焙、烤、煎、煮，再加上人的意念之火去提炼。木生金收应茶德，春季五行是属木的，木是生长的，金是收的，所以要通过金性（金的属性，如炒茶的铁锅）把清阳的能量给束缚住，再收到茶里面去。

很明显，不是人有品德才能喝茶，这是常理。无论是谁，只要是通过"精行俭德"获得的茶叶，如果有热渴、凝闷、脑疼等问题，喝了这样的茶，都和吃醍醐、甘露的效果差不多。显然，"精行俭德"这四个字跟所谓的茶德是没有关系的。

如果断句读对了，就会发现其实这段话并没有讲茶人之德，只是讲了茶人的工巧。陆羽是阴阳家的传人，他学的是齐物的思想，属于道家里面的分支，所以他所说的茶人之德特别简单。那就是茶人制茶要符合茶叶自己的天然规律，一共就十二个字："不因利为，不违物性，不逆天时。"无论是什么茶人，种茶的、制茶的、卖茶的，或者是喝茶的，只要做到这几点，就是有茶德的人，因为你已经尊重了茶叶的物性，遵从了茶叶的天然规律，是在顺其自然了。

大家不要以为遵从茶叶的天然规律很简单，实际上在利益的驱使下，做到这一点并不容易。现代社会还可以看到各种大棚茶、薄膜茶、还有给茶叶打生长素的、打各种农药治虫剂的！

但如今的这些手段，和古人一比，也可以说是相形见绌。那古人又是怎么违背物性而制假的？可以看看这个记载：

《唐书》："太和七年正月，吴蜀贡新茶，皆于冬中作法为之。上务恭俭，不欲逆物性，诏所在贡茶，宜于立春后造。"

为了给上司、给皇帝提成贡茶，以获嘉奖，都去找法师作法了。那么，当宋徽宗赵佶研究茶并写《大观茶论》的时候，市面上还能存在不同的声音吗？唐朝的茶圣及其和宋徽宗不同的观点，还能继续存在吗？

所以，陆羽的《茶经》在宋徽宗时，被删改了一次；到了明朝，第一代宁王朱权写《茶谱》的时候，又被修订了一次。再加上各朝各代的茶商因为利益而推波助澜，《茶经》就成了大家现在所看到的样子。

那茶本身的德呢？茶本身当然有茶德。茶顺天时，顺物性，茶承载天地之气，所以它有一个德，坤德，坤德其实就是顺；最上等的茶里面承载的气其实是北辰北斗体系中元阳元阴交感产生的和气，"负阴而抱阳，冲气以为和"的和气，所以茶还有一个德，叫做和；还有，好茶要求承载的是清气，因此还有一个德，清德。顺、和、清，这三个字已经足够承载茶叶本身的德了。所谓动生静养，茶承载生长之阳气，所以，"静"不是茶之德，而是后世对以茶养生、以茶入道、以茶修身养性之人的要求。

从唐朝开始，真正品茶的人与儒家的德是没有任何关系的，也不俭朴，因为物以稀为贵，凡是追求稀少的东西的人、凡是追求精致生活的人，已经是远离俭朴了。

还有一个关于茶德的说法，是唐代末年刘贞亮提出来的。他说茶有十德："以茶散郁气；以茶驱睡气；以茶养生气；以茶除病气；以茶利礼仁；以茶表敬意；以茶尝滋味；以茶养身体；以茶可行道；以茶可雅志。"茶能散郁气，说明茶是发散的，与我们所说的阳气理论是一样的；茶能去睡气，后面修道的人要喝茶，因为可以去睡气，就是有利于大家斩睡魔。那这是不是德呢？于人而言也可以算是，毕竟这些作用有很多跟我们所说的阳气理论、以茶可行道、以茶齐物，可以修行以茶入道的道理是一样的。

所以说，陆羽原来讲的茶德特别简单，大家都能做得到，难就难在要去除功利心。茶的娱乐性，也是因功利性而发展起来的。陆羽之时，李季卿和常伯熊等人，已经开始推崇茶艺表演了，陆羽因此专门写了一篇文章叫《毁茶论》，论述了茶德、茶道，必将毁于茶人的功利性和娱乐性。

《毁茶论》一文早已佚失，但是这则轶事却被记录在《封氏闻见记》之茶六"饮茶"中，现摘录如下：

楚人陆鸿渐为《茶论》，说茶之功效并煎茶、炙茶之法，造茶具二十四事，以都统笼贮之。远近倾慕，好事者家藏一副。有常伯熊者，又因鸿渐之论广润色之。于是茶道大行，王公朝士无不饮者。御史大夫李季卿宣慰江南，至临怀县馆，或言伯熊善茶者，李公请为之。

伯熊著黄衫、戴乌纱帽，手执茶器，口通茶名，区分指点，左右刮目。茶熟，李公为歠两杯而止。既到江外，又言鸿渐能茶者，李公复请为之。鸿渐身衣野服，随茶具而入。既坐，教摊如伯熊故事。李公心鄙之，茶毕，命奴子取钱三十文酬煎茶博士。

鸿渐游江介，通狎胜流，及此羞愧，复著《毁茶论》。伯熊饮茶过度，遂患风气，晚节亦不劝人多饮也。

《封氏闻见记》是唐代封演编撰的古代中国笔记小说集。封演，生卒年不详，于756年登进士科，可见其与陆羽生于同时代。全书共十卷。此书史料价值颇高，《提要》谓："唐人小说多涉荒怪，此书独语必澂实。前六卷多陈掌故，七、八两卷多记古迹及杂论，均足以资考证，末二卷则全载当时士大夫轶事，嘉言善行居多，惟末附谐语数条而已。"

此后，茶事的发展恰如陆羽预见的那样。到了宋朝，茶的功利性和娱乐性更是一发而不可收拾。丁谓（966—1037），太宗淳化年间为福建采访使，大造"龙团"以为贡品。真宗时，丁谓又掌闽茶，并撰《茶图》留世；蔡襄（1012—1067），在建州时，倡植福州至漳州七百里驿道松，主持制作北苑贡茶"小龙团"，留下《茶录》一部，总结了古代制茶、品茶的经验。他们对宋茶的发展，做出了不可磨灭的贡献。但是，一体有二相，所谓"楚王好细腰，宫中多饿死"，上有所好，下必从之。

丁谓做福建路转运使时，为了逢迎，耗费大量民力制作御用茶"龙团"。四十多年后，当蔡襄做福建路转运使时，又推出了更加精致的"小龙团"。苏东坡在《荔枝叹》一诗中感慨："君不见，武夷溪边粟粒芽，前丁后蔡相笼加。争新买宠各出意，今年斗品充官茶。吾君所乏岂此物，致养口体何陋耶？"苏东坡自注"相笼"一词："大小龙茶始于丁晋公（丁谓），而成于蔡君谟（蔡襄）。欧阳永叔（欧阳修）闻君谟进小龙团，惊叹曰：'君谟士人也，何至作此事！'"

所以有后人叹：丁谓、蔡襄成就了建源茶，也成功地毁了茶。

而宋时的民间，也流行起来了"茶百戏"，茶不是用来喝的，是用来表演的。

到了明朝，很多有点儿名气的茶，已经买不到真茶了。明朝周高起（1596—1645），在《洞山岕茶品》中说："若今四方所货岕片，多是南岳片子，署为'骗茶'可矣。茶贾炫人，率以长潮等茶，本岕亦不可得。噫！安得起陆龟蒙于九京，与之赓《茶人》诗也。茶人皆有市心，今予徒仰真茶而已。故余烦闷时，每诵姚合《乞茶诗》一过。"

到了现代，有几位茶人还知道十二字的茶人之德？有几位茶人在茶之一事上，能言行如一？

陆羽《毁茶论》一书，预知千年事，现在，能物极必反吗？

论水

　　陆羽关于水的论断，目前已经无从获知。但是，关于他品水的一则故事，却流传下来。唐朝张又新的《煎茶水记》中有记载，原文如下：

云代宗朝李季卿刺湖州，至维扬，逢陆处士鸿渐。李素熟陆名，因之赴郡。

至扬子驿，将食，李曰："陆君善于茶，盖天下闻名矣。况扬子南零水又殊绝。今日二妙千载一遇，何旷之乎！"命军士谨信者，挈瓶操舟，深诣南零，陆利器以俟之。

俄水至，陆以勺扬其水曰："江则江矣。非南零者，似临岸之水。"

使曰："某棹舟深入，见者累百，敢虚绐乎？"

陆不言，既而倾诸盆，至半，陆遽止之，又以勺扬之曰："自此南零者矣。"

使蹶然大骇，驰下曰："某自南零赍至岸，舟荡覆半，惧其鲜，挹岸水增之。处士之鉴，神鉴也，其敢隐焉！"

李与宾从数十人皆大骇愕。

陆羽对于水的熟悉和判断是否真的如此神奇，我们不得而知。

那么，陆羽对于水的判定标准，我们就无从推论了吗？其实不然。结合齐物之道的观物方法，以及第三章茶诀中的"寻水诀"和两个"辨水诀"，我们完全可以在此基础上推知他对于水的品评标准。在此，我们就详细地为读者作一介绍。

古谚有云：民以食为天，食以水为先。药补不如食补，食补不如水补。水是百药之王，水是营养之首。李时珍在《本草纲目》之"水部"说过：水是万物化生之源，土是万物生长之本。现代科学也认为：水是生命之源，人体的百分之七十以上皆是水，生命的生长收藏和新陈代谢皆离不开水。所谓真水无香，正如蒸馏的纯净水，无清淳、甘厚之别。但是自然界自然产生的水，就不是这样了。

因为水是一种载体，它是天地之气流通的介质，是用来传送和暂时封存天地气灵的载体。上善若水，随物赋形，滋养万物，积势成毁。它可以承载清阳之气，亦可以承载浊阴之气，它可以承载对人有利的矿物质，也可以溶解砒霜类的对人致命的有害物质。好水或坏水是对人而言的，人们偶尔喝一点儿感觉不到什么，可日积月累，若它势成，能成就你的身体，反之也能毁掉你的健康。

水不仅仅能承载能量，而且能承载信息。所以，水是有灵的。江本胜在《水知道答案》中讲述了这样一件事：听到"爱"与"感谢"的词语，水结晶呈现完整美丽的六角形；被骂作"浑蛋"，水几乎不能形成结晶；听过古典音乐，水结晶风姿各异；听过重金属音乐，水结晶则歪曲。这种说法我虽没有证实过，但却认为是有一定道理的。

古代有两位帝王在用水方面比较讲究。第一位为汉武帝。史载汉武帝好神仙，作承露盘以承甘露，以为服食之可以延年。《史记·孝武本纪》："其后则又作柏梁、铜柱，承露仙人掌之属矣。"《汉书·郊祀志上》："其后又作柏梁、铜柱、承露、仙人掌之属矣。"颜师古注引《三辅故事》："建章宫承露盘，高二十丈，大七围，以铜为之，上有仙人掌承露，和玉屑饮之。"三国魏曹植《承露盘铭》："固若露盘，长存永贵。"孔羽《睢县文史资料·袁氏陆园》："袁氏（袁可立）陆园在鸣凤门内，有高阜隆起，上面有承露盘、丹灶，名'小蓬莱'。"

又据汉朝郭宪《洞冥记》载："东方朔游吉云之地……得玄黄青露盛之璃器以授帝（指汉武帝）。帝遍赐群臣，得露尝者，老者皆少，疾病皆愈。"这则传说反映了汉人的普遍心理，即认为服用甘露可以祛病延寿。基于标榜德政和求长生两种考虑，汉武帝在长安建造了铜仙承露盘用以承接上天赐予的甘露。

第二位为乾隆皇帝，清代陆以湉《冷庐杂识》记载，乾隆皇帝以银斗精密测量全国各地水的重量。结论是北京玉泉山的水每斗重一两，为天下最轻，因而乾隆皇帝将玉泉山泉赐名为"天下第一泉"。乾隆皇帝每日必饮玉泉水。

乾隆皇帝七下江南时，一方面亲验江南名泉泉水水质之轻重，得出无锡惠山泉第二轻，故为名副其实的"天下第二泉"（唐代陆羽和张又新、刘伯刍等亦评惠山泉为第二泉）；另一方面，巡幸沿途，他都备有大量玉泉水供御用。可从北京到江南花费时间过久，难免会使泉水变质。为了解决这一问题，乾隆还发明了"以水洗水"的办法。

其具体办法是：先以大容器储存玉泉水，然后在器物的壁边刻上记号，记住分寸；再以他处泉水倾入其中，进行搅拌，其后污浊皆沉淀于下，"而上面之水清澈矣"。乾隆说："盖他水质重则下沉，玉泉体轻故上浮，挹而盛之，不差锱铢。"

我们且不说他们的做法是否符合自然易理、阴阳象数之道，但是其健康饮水的观念和思路，无疑是领先的和正确的。

据统计，中国古代皇帝有确切生卒年月可考者共有209人，但是他们的平均寿命仅为39岁。而汉武帝（公元前156年——前87年）享年69岁，乾隆（1711年——1799年）享年88岁，这两位皇帝的寿命都远远超出了当时的平均水平。这和他们喜欢和注重喝健康水是否有关系呢？

说到水，小时候我们村里有一个传统：老人们是不给小孩子喝白开水的，白开水在我们村里有另一个名字：懵懂汤。他们会给小孩子喝的白开水里加入一些陈皮或是干青蒿之类，青蒿是在春生时节采来的嫩尖晾干放着的，村上家家户户都有。为什么这样做？这个问题，我小时候一直弄不明白。直到近年在闭关时，方才豁然开朗。

原因就在于，水也要分阴阳。水为人所用，亦因人而分阴阳。水可以因产生的时间、地点和所承载的东西来分阴阳。纯净水因为溶解度的关系，也能带走身体里的阳气（对人体有益的精微物质）和阴气（对人体有害的精微物质）。

那对人体而言，什么样的水最好？根据阴阳之理，应该这样排：第一，极阳水，水中承载满满的清阳生发之气的水。第二，水中清阳之气含量比浊阴之气多的水。第三，纯净水。第四，浊阴之气含量比清阳之气含量多的水。第五，纯阴之水。

可以说，对人体好的水，要么能给人体补充阳性能量，要么代谢后能带走人体内的阴性物质。之所以不给小孩子喝白开水，因为小孩子体内的阳能量旺盛，而普通的白开水，更接近纯净水。小孩子喝了它，阳性精微物质溶解于水，随着代谢而排出体外，经常喝容易让孩子阳性精微物质流失而变得懵懂。水里放入上好的陈皮或是携带春生之气的青蒿之后，能让水中阳性精微物质达到饱和，就不会带走人体内的阳气甚至能给人体补充阳气。

阳气轻清，所以水中阳性物质含量越高，则水越轻。所以，辨水，轻为第一要义。乾隆皇帝评天下众水时，就是根据这个原理，来称量天下各泉水的重量。这也是为什么好水多出在斗牛女三宿对应的分野的原因。正应坎卦中爻冬至一阳生之后的节气，正应地支中的阳水子水，都是应在阳能量为主的方位和时间上。

明代张源在《茶录》中说："茶者水之神，水者茶之体。非真水莫显其神，非精茶曷窥其体。山顶泉清而轻，山下泉清而重，石中泉清而甘，砂中泉清而冽，土中泉淡而白。流于黄石为佳，泻出青石无用。流动者愈于安静，负阴者胜于向阳。真源无味，真水无香。"他认为水贵在有灵，所以贮藏的时候也特别讲究："贮水瓮须置阴庭中，覆以纱帛，使承星露之气，则英灵不散，神气常存。假令压以木石，封以纸箬，曝于日下，则外耗其神，内闭其气，水神敝矣。饮茶惟贵乎茶鲜水灵，茶失其鲜，水失其灵，则与沟渠水何异。"

这段话说得很有道理，因为阳主动，性野，所以水的贮存也很讲究。储存水最好的当然是金银器或陶瓷，道理很简单，阳性多动则以金收之，土藏之。

此外，还要提几种特别的水，那就是：端午极阳水、冬至水、雪水、花草露水、丹泉。

端午极阳水。古代讲究的极阳水，只取端午节午时天地合气而化生的雨水，从天而降，携天上之阳气而来。因条件极其苛刻，可遇不可求，所以后来把在端午节午时生发的泉水，也称为极阳水。为表区别，一个叫无根极阳水，一个称普通极阳水。

这里有两个特别要注意的地方：什么算天地合气？怎么才算午时生发？天地合气的无根极阳水就是指午时的时候，天气下降地气上升，云雾蒸腾而下的雨。（若连日阴雨就不是，因此时天地之气难相感；若突然乌云密布狂风暴雨也不是，那是地气郁结所致）；而午时生发呢？就是要午时从地下泉眼产生的水（午时的自来水、河水、井水等就不属于午时生）。

冬至水。"冬至子之半，天心无改移；一阳初动处，万物未生时。"为什么女宿所对应的分野特别适合产茶和产生好水？就是因为女宿对应的就是子之半，坎卦中爻之上。这时候产生的泉水，携一阳初生之气，自然是好水。

雪水。古代文人雅士常将枝头新雪扫下煮沸沏茶，清醇爽口，也有一定的健身作用。在《红楼梦》第41回"宝玉品茶栊翠庵"一节中，妙玉给宝玉斟的一杯茶就是用雪水泡的。妙玉当时解释道，这水是五年前收的梅花上的雪，共一瓮，总舍不得吃，埋在地下，今年夏天才开瓮。而"宝玉细细吃了，果觉清淳无比，赏赞不绝"。

《本草纲目》对雪水的评价是："腊雪甘冷无毒，解一切毒，治天行时气瘟疫。"据说，嗜酒贪杯之人，常因过量而头晕目眩，此时若能喝两杯温热了的腊月雪水，可清醒神志。现代科学认为雪水中重水的含量少，所以有益于生命。其实就是阳气含量多，水轻。

露水。亚里士多德通过对露的观察发现，形成露的气象条件是晴朗微风的夜晚，夜间晴朗有利于地面迅速冷却。微风可使辐射冷却在较厚的气层中充分进行，而且可使贴地空气得到更换，保证有足够多的水汽供应凝结。

《本草纲目》水部记载了许多与露有关的养生保健知识。《露水·主治》中记载"秋露繁时，以盘收取，煎如饴，令人延年不饥""百草头上秋露，未晞时收取，愈百疾，止消渴，令人身轻不饥，肌肉悦泽""百花上露，令人好颜色"。《甘露·主治》中记载"食之润五脏，长年不饥，神仙"。

要注意的是，夜晚或清晨近地面的水汽遇冷凝结于物体上的水珠方是露水，有些植物叶上虽然有水珠出现，但不是露水。《朱子语类》卷七三："如菖蒲叶每晨叶叶皆有水如珠颗，虽藏之密室亦然，非露水也。"有一种观赏植物产生的水珠，不但不是露水，还有毒，就是滴水观音。

显然，露是阴气积聚而成的水液，是润泽的夜气在道旁万物上沾濡而成的，其秉承夜晚的肃杀之气，宜用来煎润肺的药，调和治疥、癣、虫癞的各种散剂。本人并没试过用露水泡茶，因为循其理这样未必就好。不过，露水也讲究收取的季节和产生露水之物，比如春天早晨的露水或玉上的露水应该也是不错的。

丹泉。古代论水，在蒙泉之上，还有丹泉；丹泉之上，还有神泉。丹泉顾名思义，有两种意思：一是古代传说中仙人炼丹留下的沾染了丹气的泉水；二是同时承载了先天真阴真阳之气的泉水（伏二气而成丹）。可惜我没有见到过丹泉，在此就不多言。

《辨水诀》中还明确指出，水的"善恶寿夭"皆由其气灵所定，而水中气灵，却又由"时方"而定。可以这么说，水的时方决定了水质的大方向，时间和方位之外，才考虑水的温寒承载诸矿物等决定水质的因素。

接下来，我们就从方位、时间和温度承载这三个方面来讲，什么样的水才是真正的好水。

1．方位

在中国古代，以河南或西安一带为中心，则好水出于这样的方位：

在八卦甲子图中阳升的方位之上，即星宿分野是属于北方玄武的斗牛女三宿（含虚之半）、东方青龙角亢氐房心尾箕七宿、南方朱雀中的张翼轸三宿（含星之半）。

再细分一点儿的话，就是以斗牛女三宿和张翼轸三宿的分野为主：北玄武斗牛女三宿为生机源，南斗注生亦来源于此；南朱雀张翼轸三宿为后天极阳之地，故亦出好水。

古人评出来的天下名泉，都符合上面的条件：中泠泉、惠山泉、虎丘泉、大明寺泉皆在斗牛女之地；而谷帘泉、招隐泉则在翼轸之分。

至于玉泉山的水，本人没亲自品尝过，先不多说，以后有机会再和大家分享。

2．时间

古人用水，还讲究时间。一年二十四节气，一节主半月，水之气味，随之变迁，此乃天地之气候相感，不是方位疆域所能限制的。我们先来看一些古籍记载：

《本草纲目·水部第五卷水之二》："小满、芒种、白露三节内水并有毒。造药，酿酒、醋一应食物，皆易败坏。人饮之，亦生脾胃疾。"徐光启《农政全书》记载："白露雨味苦，稻禾沾之则白飙，蔬菜沾之则味苦。谚云……'白露前是雨，白露后是鬼'。"

《本草撮要·卷十水火土部》："小满水毒坏豆麦桑叶，咸雨（小满节后，先逢癸日下雨为咸雨），毒尤甚。"

《月令通纂》说："正月初一至十二日止，一日主一月。每旦以瓦瓶秤水，视其轻重，重则雨多，轻则雨少。观此，虽一日之内，尚且不同，况一月乎。"

古人在五月五日"浴兰汤"过节，既能保健又有诗情画意。《楚辞》吟"浴兰汤兮沐芳"，《大戴礼记·夏小正》载"五月五日蓄兰为沐浴"，让后人追溯到五月五日浴兰的久远历史。古人在五月五日遇"丙午"铸造的"丙午镜"，周流无极，山海光明，能够除恶辟邪，成了"金水之精"的重宝。

而谷雨时的"雨生百谷"，霜降时的"霜杀万物"也说明了雨水符合八卦甲子方位图中的阳生阴杀的道理。

所以，古人以冬至之后开始到谷雨之前的水为好水，特别讲究冬至一阳生的水，立春的水，清明的水，是谓"春雨贵如油"。

这个时间，也是在从一阳生到阳气离开地面进入空中为止，这个时间段内的水，为好水。自从阳入阳位，阴阳离绝后，到一阴生，直至冬至的阴生阳未生之前，这个阶段的水就要差一些。

另外，有四个特殊时间的水，因为其特殊用途亦为好水：

一为端午的午日午时极阳之水，二为立秋日的五更井华水，三为重阳午日午时的水，四为七月七日申月申日申时的长生水……皆可遇而难求也。

3．水的寒温和承载

这部分的内容前文中基本已经提到，大家需多注意的是，无论是夏天还是冬天，饮用水的温度皆以略高于人体之正常体温为好。

综上所述，其实选取水的标准和茶叶是一样的，可以用一句话概括：尽量多喝清阳之气多的水。

论其他制茶法

　　《茶经》之造中，对制茶的方法，只留下一句话："晴采之，蒸之，捣之，拍之，焙之，穿之，封之，茶之干矣。"

　　而唐朝及唐之前，是有更简单、更自然的制茶方法的：生茶当药、纯日晒和青炒为饮、煮茶当菜。

　　小时候村里的小孩子都知道，要是受寒感冒了，就泡杯浓茶加入红糖，焖一会儿，趁热喝下，往往睡一觉、出点儿汗就好了，效果特别好。而我还知道，如果有人不小心被蜈蚣等毒虫咬了，可以直接采点儿嫩茶叶，嚼嚼敷患处，也是很有效果的。

　　茶作为菜品也由来已久。比如，春秋战国时期的粥茶法，《晋书》有记载："吴人采茶煮之，曰茗粥。"比如，少数民族的油茶或把嫩茶叶晾透当菜。现在杭州还有道名菜就叫做龙井虾仁。

　　纯日晒和炒青始于唐之前，具体时间至少比陆羽的时代更早。其实三国的时候，日晒和炒青的茶就已经出现了，茶的药用也有记载，比如葛玄就是这样用的。我们先从两首唐朝诗人的诗来说。

　　第一首是诗仙李白写的《答族侄僧中孚赠玉泉仙人掌茶（并序）》：

　　余闻荆州玉泉寺近清溪诸山，山洞往往有乳窟，窟中多玉泉交流，其中有白蝙蝠，大如鸦。按《仙经》，蝙蝠一名仙鼠，千岁之后，体白如雪，栖则倒悬，盖饮乳水而长生也。其水边处处有茗草罗生，枝叶如碧玉。惟玉泉真公常采而饮之，年八十余岁，颜色如桃李。而此茗清香滑熟，异于他者，所以能还童振枯，扶人寿也。余游金陵，见宗僧中孚，示余茶数十片，拳然重叠，其状如手，号为"仙人掌茶"。盖新出乎玉泉之山，旷古未觌。因持之见遗，兼赠诗，要余答之，遂有此作。后之高僧大隐，知仙人掌茶发乎中孚禅子及青莲居士李白也。

常闻玉泉山，山洞多乳窟。

仙鼠如白鸦，倒悬清溪月。

茗生此中石，玉泉流不歇。

根柯洒芳津，采服润肌骨。

丛老卷绿叶，枝枝相接连。

曝成仙人掌，似拍洪崖肩。

举世未见之，其名定谁传。

宗英乃禅伯，投赠有佳篇。

清镜烛无盐，顾惭西子妍。

朝坐有余兴，长吟播诸天。

李白（701—762）比陆羽早出生几年，他和陆羽差不多时间去了歙州南山（758年前后），李白访仙许宣平失之交臂，而陆羽去八白对应之山脉访茶问水就遇到过许宣平。

玉泉寺所在的地方，其实是属于陆羽标准中的上等茶区"峡州"，而"仙鼠"的老祖宗，就是八仙之一的张果，在中唐时期也鼎鼎大名。

仙人掌茶的茶树生长环境，在顶级茶区，石窟旁岩石之上，受玉泉石乳滋养，所以能"还童振枯，扶人寿"，可见其含生长阳气之浓郁。

仙人掌茶的工艺，李白说得很清楚——"曝"，不是炒，不是煮，不是蒸。曝的本义就是晒，在强烈的日光下曝晒，为传统加工炮制法之一。

这就是茶叶最早、最自然的工艺。早期讲究的道家之人，比如葛玄，他只在卯时凌露而采，放在离地七十厘米的竹制品上晒，只晒辰巳和前午的阳光，就是中午十二点之后的阳光，就不晒了。

这样得晒七天。制出来的茶，有淡淡的太阳味道。这就是在自然条件下干燥茶叶的过程，吸收了天地间的精华，充分与自然接触，形成了独特的晒青味道。但这样的天时，可遇不可求。所以后来就出现了炒青和烘焙。

这么自然的工艺，陆羽的《茶经》怎么可能不记载？而且，李白写这首诗时是752年（唐玄宗天宝十一年），李白与侄儿中孚禅师在金陵（今江苏南京）栖霞寺不期而遇，中孚禅师以仙人掌茶相赠并要李白以诗作答，遂有此作。而陆羽在758年在南京栖霞寺研究茶，这茶诗和晒茶的事件，他怎么可能不知道？其实陆羽自己也是用纯晒工艺的，但纯晒一来是天时难得，二来是茶叶的好坏一目了然，哪有研成末、做成饼容易迷惑买家？所以，后来经过各个朝代的删减，这部分内容在《茶经》中就消失了。

第二首是刘禹锡（772—842）的《西山兰若试茶歌》：

山僧后檐茶数丛，春来映竹抽新茸。

宛然为客振衣起，自傍芳丛摘鹰觜。

斯须炒成满室香，便酌沏下金沙水。

骤雨松声入鼎来，白云满碗花徘徊。

悠扬喷鼻宿酲散，清峭彻骨烦襟开。

阳崖阴岭各殊气，未若竹下莓苔地。

炎帝虽尝未解煎，桐君有箓那知味。

新芽连拳半未舒，自摘至煎俄顷余。

木兰沾露香微似，瑶草临波色不如。

僧言灵味宜幽寂，采采翘英为嘉客。

不辞缄封寄郡斋，砖井铜炉损标格。

何况蒙山顾渚春，白泥赤印走风尘。

欲知花乳清泠味，须是眠云跂石人。

刘禹锡，自称祖先为汉景帝贾夫人之子中山靖王刘胜。刘禹锡之父刘绪曾在江南为官，刘禹锡在那里度过了青少年时期。

他为官的地方，恰好就是乌程。刘禹锡小时候，经常跑到杼山妙喜寺缠着陆羽和皎然、灵澈，他在哲学上和诗文的成就，应该是受到了这三位的影响。他在《天论》中写道："天之所能者，生万物也；人之所能者，治万物也。"他认为天不能干预人类社会的"治"或"乱"，人也不能改变自然界的运动规律。这种唯物主义倾向和尊重自然规律的思想，与陆羽论茶人之德的思想主旨非常相近。

关于《西山兰若试茶歌》中的"西山兰若"具体地点在哪里的考证，一般有三种说法：一是浔州浔江郡（今广西桂平县）；二是朗州武陵郡（今湖南常德市）；三是连州，朱自振《古代茶叶诗词选注》第五首说："本诗作于刺连州（古治在今四川筠连县）时。"（《中国茶叶》1982年第3期）。

其实，刘禹锡诗中的"西山兰若"指的是苏州虎丘西山的寺庙，而"兰若"并非寺名，它本义只是森林，引申为"寂静处""空闲处"，也泛指一般的佛寺。在这里，就是泛指。这首诗写于833年，当时刘禹锡在苏州任刺史。

"斯须炒成满室香,便酌沏下金沙水。骤雨松声入鼎来,白云满碗花徘徊。"这一句诗中的信息量巨大。首先,表明这茶是青炒的,炒青;其次,用来沏茶的水是金沙水,当时叫金沙水的有两个地方,顾渚的金沙泉和虎丘的金精生水;第三,"白云满碗"一来说明了茶锁气的功能极其强大,白色的水蒸气锁在碗中的水表面宛若白云,二来当时虎丘种的茶叶就叫白云茶,还是陆羽从歙州南山移植过来的。

虎丘西山之名,古代就有这种叫法,因为虎丘本属于西山余脉。据《古今图书集成·方舆汇编·职方典》卷六八一苏州府物产考:"茶多出吴县西山,谷雨前采焙,争先腾价,以雨前为贵也。又虎丘西山地数亩,产茶极佳,烹之色白,香气如兰,但每岁所采不过二三十斛,止供官府采取,吴人尝其味者绝少。"

"阳崖阴岭各殊气,未若竹下莓苔地。"这一句,是说茶的生长环境。当时陆羽待过的杼山和虎丘的西山,茶叶的生长环境大多是"竹下莓苔地",至今这里的环境还没什么大的变化。这些有关茶叶的知识应该是陆羽在妙喜寺告诉刘禹锡的。

为什么说竹林中的茶好呢?竹性是偏极阴的,它的叶、根、茎都寒性极大,这在《本草纲目》中是有记载的。但是,这极阴之竹,产生的果实,却是极阳之物,为凤凰食,《本草纲目》记载:"竹实通神明,轻身益气。"所以,同为寒性的茶叶,在极阴之竹下,阴极阳生,长出的茶叶反而和竹食一样极阳有奇效。

从以上两首诗中,我们可以看出唐时制茶的曝晒和青炒工艺。而刘禹锡的诗中对于茶的描述有更丰富的内容,这些知识我们可以断定是陆羽所授。在《茶经》部分内容佚失的情况下,它们对于我们理解陆羽有关茶的思想是非常有价值的补充。

第五章

古迹溯源

翻书不知取经难，往往将经容易看。

积日踏遍古贤路，方知经中真义源。

　　缘起中提到，为了"友于古"，循古迹重走古人游学之路花了十几年。整理记下途中的所感所知却只要十几天。而粗读翻一翻这本书大概只要十几分钟……现将几个比较典型的古迹记录于此，也许后来者亦有兴趣去走一遭呢？

竟陵塔西寺（唐时的龙盖寺）

"千羡万羡西江水，曾向竟陵城下来。"竟陵（今湖北省天门市）龙盖寺在西江水边，就是智积禅师捡到陆羽的地方，也是陆羽长大的地方。因为他生而被弃有瑕疵，是为疾，又因寄养在李腾家长大，他又承了李家的季字辈，这是陆疾、陆季疵名字的由来。

后来，陆疾得遇李齐物而拜在邹象先门下，学"天文地理阴阳八卦易学"有成，觉得自己名字不好，以《易》自筮，得《蹇》之《渐》，曰："鸿渐于陆，其羽可用为仪。吉。"遂改名为陆羽，字鸿渐。

这里现在叫古雁桥，走过这座桥，就是陆羽纪念馆，传说，智积禅师当年就是在这里捡到了弃婴陆羽。

这个地方，现在也建了座桥，就叫沧浪桥。相传这是陆羽和李齐物初次相逢的地方。

这个寺，就是西塔寺，也就是唐时的龙盖寺，当时智积禅师是龙盖寺的住持。

现在这一带已经成了旅游景点——陆羽故园，包括茶经楼、鸿渐楼、陆羽纪念馆、陆公祠等。因为就在城市中，游客虽然不多，但却成了市民平时散步的好去处。

智积禅师之死，历史上无明确记载，应该是在 775 年左右。陆羽的《六羡歌》就写在那时。唐李肇《国史补》云："异日，（羽）在他处闻禅师去世，哭之甚哀，乃作诗寄情。"明人陈继儒《茶董补》引《陆羽小传》云："（羽）少事竟陵禅师智积。异日，羽在他处，闻师亡，哭之甚哀，作诗寄怀。"

古时有唐代宗招陆羽进宫为智积禅师煮茶的传说，这个名之"渐儿茶"的暖心故事，应是后人杜撰。当时唐朝的宗室并没有对写《茶经》的陆羽如此推崇，陆羽的名声主要还是在文人骚客间流传；另外，龙盖寺的智积禅师，也并不称呼陆羽为"渐儿"，应是用陆羽以前的名字"疾儿"。

宋代王谠《唐语林》和《新唐书·列传》的《陆羽传》告诉我们：御史大夫李季卿把陆羽召来，然后只因陆羽衣着朴素，又没有谄媚讨好地玩炫目的茶艺花招，就看不起他，先是不行礼，后来又叫人用三十文钱打发他走了。区区三十文，简直是打发叫花子。面对李季卿和常伯熊之流的轻蔑无礼，及把茶的娱乐性当作主流的情况，倔强清高"以茶入道"的陆羽感到无比屈辱和愤怒，以至于写下了《毁茶论》来发泄心中的愤慨，预言了"茶道"必毁于娱乐性和功利性。

火门山陆羽读书处

　　火门山也叫天门山，位于湖北省天门市竟陵城区西北 22 公里处的佛子山镇。天门山属于大洪山余脉，雄踞在江汉平原中央，宛如一座天门，最高峰佛子山海拔 192 米。

　　山不在高，有仙则名。这里已被中国佛教协会认定为"佛祖圣地"，相传为佛祖释迦牟尼的道场，佛祖当年就是从这里下界到佛子山收徒布教的，又名佛祖山、佛子山。禅宗六祖惠能也曾在此修行，光武中兴的刘秀，曾取道天门捷径而获得昆阳大捷。传说中嫦娥奔月、八仙之一的韩湘子得道升天均是从天门山上去的，这里现在还有个石峰叫"奔月墩"。

　　天门山古来神仙云集，为仙人聚集之山，是故又名团山。团者，聚集也。在先秦有一些人，观测分星分野是以现在陕西一带为中原的中心，而另一些人，观测的中心是以现在的河南为中原的中心。这也导致了各派星相分星分野稍有出入的状况。天门山所在，在阴阳家一脉，对应了二十八宿中的星宿，为南方朱雀七宿之中宿，所以也叫南天门，而南方朱雀属火，地上分野的天门山也就被叫做火门山了。

　　邹象先离开官场后，隐居在此观星望气，修身养性，直到 746 年底收陆羽入门。据我所知，陆羽在火门山应该是头尾学习了七年，在 754 年的时候已经离开了火门山而南下。但这个时间和他人整理的《陆文学自传》及一些记载稍有出入。目前难以考证，好在无伤大雅，就此一笔带过。

火门山因为对应星宿，一阴生之地，自古并不适合产茶。现在虽然有茶叶基地，但其土壤、水质等皆达不到《茶经》的上等产区标准。

现在的陆子读书处已经破败了，空留残亭断碑。

杼山
——陆羽墓、妙喜寺、皎然塔、三癸亭

杼山位于浙江省湖州市古城西南妙西乡境内。杼山因夏王杼巡狩至此而得名；晋代，为吴兴郡著名的风景名胜。杼山又名宝积山，因山南原有宝积寺，山因寺得名。宝积寺即梁代妙喜寺。陆羽在湖州期间，妙喜寺的住持为皎然（字清昼）。唐大历七年，颜真卿为湖州刺史，因陆羽与皎然均是颜真卿的好友，故颜真卿、陆羽、皎然等人常在杼山雅聚。唐大历八年（773）十月二十一日，颜真卿为陆羽建亭，因建亭时间是癸丑年癸卯月癸亥日，故称"三癸亭"。李冶、陆放、灵澈、少年刘禹锡等也经常流连于此，吟诗品茶、谈古论今。

宋嘉泰《吴兴志》载："杼山在县西南三十里。"陆羽旧记云："山高三百尺，周回一千二百步，昔夏后杼巡猎之所。今山下有夏王村，西北打夏驾山。"据唐颜真卿《妙喜寺碑记略》："州西南杼山之阳有妙喜寺。梁武帝之所置也。大同七年（541）夏五月，帝御寿光阁，会所司奏请置额，帝以东方有妙喜佛国，因以名之，旧置在今州西全斗山，唐太宗六年春二月移于此山。"

大历八年（773），颜真卿在妙喜寺的招隐院编纂《韵海镜源》，

陆羽、皎然、李冶等东南文士五十余人参与其事。杼山一时形成儒、释、道合流，诗、茶、禅合一的格局。而妙喜寺也是陆羽著《茶经》最重要的地方。

明成化《湖州府志》、崇祯《乌程县志》以"妙喜"名山，宋治平二年（1065）改妙喜寺为宝积寺。如今，寺已不存。杼山只剩重建的三癸亭、皎然塔、陆羽墓。

唐德宗贞元二十年（804），陆羽在湖州逝世，安葬于杼山。目前陆羽墓仅在湖州就有两处，中国古代的名人在全国多个地方有墓，并不稀奇。可是就在同一个湖州市范围内，有陆羽的两处墓地，两墓相距不过区区十公里，实属罕见。

第一处陆羽墓，位于浙江省湖州市吴兴区妙西镇妙西村、杼山南麓的妙西兰亭中心小学北。这个墓地有点儿难找，事先问过当地人，当地鲜有人知。我曾沿山直上山顶，绕了一大圈才找到。

我到湖州寻访的两处古代名山，都是当地人基本不知道的。一个是金盖山，一个是杼山。出租车司机不知，山附近的村民亦不知。

第二处陆羽墓，位于浙江省湖州市吴兴区妙西镇滋坞村、妙峰山南麓，在陆羽茶文化景区内。这一处就好找多了。

1995 年 12 月，浙江湖州茶文化研究会于湖州西郊妙峰山南麓铜宝坞西侧、苕溪南岸重修此陆羽墓。此处有青松翠竹相映，面向东南，视野开阔。前有鸿渐桥横跨山涧，过桥后拾级而上可见圆台形墓冢。墓前面竖立墓碑，上书"大唐太子文学陆羽之墓"，上款"一九九五年冬建"，下款"湖州陆羽茶文化研究会立"，为浙江省文史馆馆员王孙乐题写。

武夷山

  武夷山，又名虎夷山；道家第十六洞天。广义的武夷山，或称武夷山脉，指中国闽赣间纵贯南北的山系，属于新华夏地质构造单元南岭山系的东北延伸支脉。狭义的武夷山仅指其北段武夷山市所辖主峰地带的山地，是武夷山风景名胜区、世界文化与自然遗产地。

  武夷山山体呈北北东①向沿赣闽省界蜿蜒，东北延展接浙赣间的仙霞岭，西南伸至赣粤边界的九连山。"北引皖浙，东镇八闽，南附五岭之背，西控赣域半壁"，长达550公里（一说530公里），为江西省最长的山地、福建省最高的山脉。武夷山地势高峻雄伟、层峦叠嶂，许多山峰海拔均在1000米以上。主峰黄岗山位于北段，海拔2158米。

  武夷山是江西的信江、盱江、贡水、琴江与福建的闽江、汀江的分水岭。这些河流大都发源自武夷山。武夷山是福建、江西两省重要的林区、茶叶产地，其两侧存在多处造型奇特的丹霞峰林地貌景观。武夷山的南平段、上饶段，北段光泽老君山（猴子山）一带，本人都是去过的。

  武夷山大红袍是武夷山最负盛名的茶，被誉为"茶中之王"。

注：①北北东是地质术语。

茶山的环境很好，无可非议。天游峰的烂石、九曲溪的水、武夷山的茶，大部分当然是极好的。比如，九龙窠母树大红袍的环境，世间可遇不可求。其中的坑坑涧涧，就要看具体的地方了，大家记牢《茶经》中的理论去判断就好。

径山——陆羽禅茶小镇

　　径山位于浙江省杭州市余杭区径山镇，是天目山山脉的东南余脉，最高峰霄峰海拔 769 米。山中的万寿禅寺在唐朝时是江南第一名寺。

　　万寿禅寺建于唐天宝四年（745）。相传法钦禅师在径山之顶结草为庵，传法修行，名声日隆，朝野皆知。大历三年（768），唐代宗下诏赐建万寿禅寺。

　　宋嘉定年间，万寿禅寺被列为禅宗东南"五山十刹"之首，居灵隐、净慈、天童、阿育王等江南名寺之前，由此名扬四海，成为"东南第一禅院"。海内外佛教徒奉径山寺为"临济宗"祖庭，历代帝王显贵、诗人墨客、求法僧人纷至沓来。

　　早年，我曾和友人、万寿禅寺观音堂大和尚三人，一起游径山。后来，和朋友也曾多次去往径山，去双溪漂流，去禅茶小镇。因为径山风景优美，离杭州又近，现在每年还是会去几次。

　　相传径山茶最早为法钦禅师手植，自古就以优质闻名。《余杭县志》载："径山寺僧采谷雨茗，用小缶贮之以馈人，开山祖法钦师曾植茶树数株，采以供佛，逾年蔓延山谷，其味鲜芳特异，即今径山茶是也。产茶之地有径山、四壁坞与里山坞，出者多佳，至霄峰尤不可多得，出自径山四壁坞者，色淡而味长；出自里山坞者，色青而味薄。此又南北乡出之分也。"

唐宋之时径山茶就与天目茶齐名，并列"六品"，被誉为"龙井天目"，意为兼有龙井和天目茶之美。径山僧人常年饮茶参禅悟道、以茶待客，逐渐形成一套礼仪规范，是为"禅茶"和"茶宴"，唐时就传到了日本。直到现在，径山还是公认的禅茶发源地。

茶山圣地蒙顶山

　　蒙顶山又名蒙山，是四川首批省级风景名胜区之一。位于号称"天漏"的雅安市雨城区与名山区之间，最高峰上清峰，海拔1456米。

　　蒙顶山是我国历史上有文字记载人工种植茶叶最早的地方。在汉代，吴理真就在蒙山种植茶树。吴理真被认为是有明确文字记载的最早的种茶人，被称为蒙顶山茶祖、茶道大师。宋孝宗在淳熙十三年（1186）封吴理真为"甘露普惠妙济大师"，并把他手植七株仙茶的地方封为"皇茶园"。

　　千年贡茶，意重蒙顶。唐代《元和郡县志》载："蒙山在县南十里，今每岁贡茶，为蜀之最。"宋代《宣和北苑贡茶录》中，当年蒙顶山进贡的两种名茶"万春银叶"和"玉叶长春"榜上有名。清代《陇蜀余闻》记载："每茶时，叶生，智矩寺僧辄报有司往视，籍记其叶之多少，采制才得数钱许。明时贡京师仅一钱有奇。"

　　蒙顶贡茶从唐至清，一千多年里进贡皇室，以供皇室"清明会"祭天祀祖之用。这种专用茶采自吴理真种下的七株仙茶。到清代时，蒙顶五峰被辟为禁地，七株仙茶被石栏围起来，辟为"皇茶园"，至今留存。在民间，蒙山茶历来被看作祛疾的神来之物。因此，历史悠久的蒙顶茶被称为"仙茶"，蒙顶山被誉为"仙茶故乡"。

胡秉言的《神仙》诗："仙雾绕山巅，灵泉煮碧尖。紫砂盈玉露，馨逸润心田。"描述的就是蒙山顶上茶。

山中有"甘露井"，侧立"古蒙泉"二碑，为吴理真种茶时汲水处。县志载："井内斗水，雨不盈、旱不涸，口盖之以石。"而甘露井，传说和羌江（青衣江）河神之女玉叶仙子相关，她和吴理真留下了凄美的爱情故事。

现在的甘露井，流传有种说法是游客只要虔诚一心，取水烹茶则有异香。据说，此井直通天气，大晴天只要开井喊喊，就能呼风唤雨，《走进科学》栏目组还曾专门来此考察真伪。

我来蒙顶山的时候，雅安就由雨转晴了。一人走过古蒙井，看到井盖上有围栏，边上注明"文物保护"，就绕过井边前行了。后来下山时又绕过井边一次。到第三次绕过甘露井的时候，奇迹出现了。有一个工作人员在那里，他说："雅安近一个月来唯有今天阳光明媚，你运气真好，可以打开甘露井看看，我还可以帮忙拍照片……"

六六洞天我为首——霍童山

桃源十里记津口，霍童突出众山走。

三三溪水绕其根，六六洞天此居首。

这里是位于宁德市下属的霍童古镇，曾被杜光庭评为天下第一洞天，居三十六洞天之首。

曾经，霍童、王纬玄修而有成位列天仙。

曾经，分星分野改地支为首长溪上应女宿定霍童为第一洞天。

曾经，玉山七子同日飞升成就佛缘。

胜事于今沧海变，唯余夜月点苍苔。

曾经，刘伯温携儿子刘景来此，本为奉帝命斩天下龙脉，封山封法。一边是帝命难违，一边是心念天下苍生。刘伯温终归阳奉阴违，没有下手斩龙破坏地脉，只是和搁船尖一样，封印了它。

曾经，缪林龙终功亏一篑，只留鹤林残垣。

曾有韩众、葛玄、左慈、王玄甫、邓伯元、褚伯玉、陶宏景、白玉蟾等二十多位著名道人修炼于霍童山。霍童山乃是仙巢，古有"未登霍童空寻仙"之说。

鹤林宫亦曾为道教四大名宫之一。可惜从明代起道教式微，后来多少道观被改为寺庙。如今，霍童山周围大大小小寺院成百上千，重建后的鹤林宫残破败落，寥无人迹。

一年冬天12月，我走进了霍童山，走进了鹤林宫，没有一个游人，亦没有一个道人，唯有宫门前一蛇卧龙首图案相迎……

一画开天——卦台山

"太极显象无双地，伏羲画卦第一山"，说的就是卦台山。2016 年 8 月底，我去了卦台山。

卦台山，相传为伏羲氏仰观天、俯察地、始画八卦的地方，处于甘肃省天水市三阳川西北端，现辖于麦积区渭南镇，距天水市约 15 公里。卦台山如一条巨龙从群峦中探出头来，翠拥庙阁，渭水环流，钟灵毓秀，气象不凡。登临卦台山顶，俯瞰三阳川，人们不难发现，古老的渭河从东向西弯曲成一个"S"形，把椭圆形的三阳川盆地一分为二，形成了一个天然的太极图。

明胡缵宗《卦台记》云："朝阳启明，其台光荧；太阳中天，其台宣朗；夕阳返照，其台腾射"，由此形成天水名景"三阳开泰"，这也是"三阳川"之名的由来；而另一个有"三阳开泰"之名的地方，就在古徽州，今天安徽省歙县的三阳坑，离搁船尖景区约15 公里。

随记几处茶山

黄山

黄山的茶山我基本上走过，却不大喝太平猴魁。因为去的那年刚好是 6 月，正看到家家户户忙着给嫩茶治虫。

当时心疼了好久，这么好的山，这么好的水，这么好的石，要是纯自然产生的茶叶，那味道得有多好？

抚州

抚州是江右古郡，孕育出王安石、汤显祖、曾巩等名人。临川分野，上值文昌。抚州自古被誉为才子之乡、文化之邦，王勃更是发出了"邺水朱华，光照临川之笔"的吟颂。这里的茶，是不是带有文昌之气？喝了会不会文思泉涌？

宜兴的阳羡紫笋茶

宜兴我几乎每年都要去好几次，因为那里不仅有紫笋茶，还有紫砂壶。

常州天目湖

天目湖，位于江苏省常州溧阳，得天目山余脉和茅山气脉所蕴。

溧阳自古出产茶叶，北宋时，毗陵知府周绛在歌颂故乡溧阳的《招仙观》诗中，有"绿莽晚烟梅雨夏，朱藤余莩麦风开"之句，周绛早年在溧阳黄山观当道士时，曾汲清泉、尝百茶，开垦茶圃，对茶进行研究，研制出溧阳独特的"芳津茶"，家乡人称为"绛茶"。

元代溧阳教授仇远在《广教寺》诗中吟出"撞钟山鹳起，煮茗石罂香"之句，说明宋、元时，溧阳的丘陵山区，已遍植茶树。

天目湖白茶具有独特的感官品质：外形细秀略扁，色泽绿润，透显金黄；内质香气栗香馥郁，汤色鹅黄，清澈明亮，滋味鲜爽且醇，叶张玉白、茎脉翠绿。

安吉白茶产区

安吉虽然在《茶经》中很明确地被评为"又下"的最次级茶区，但在一些符合阳崖阴林、灿石灵乳之地，茶叶还是非常好的。

安吉最早于1930年在孝丰镇的马铃冈发现野生白茶树数十棵，"枝头所抽之嫩叶色白如玉，焙后微黄，为当地金光寺庙产。"（《县志》），后不知所终。安吉白茶树为茶树的变种。春季发出的嫩叶纯白，在"春老"时变为白绿相间的花叶，至夏才呈全绿色。

古南岳天柱山

天柱山拥有奇峰、怪石、幽洞、峡谷等自然景观，以雄、奇、灵、秀而著称于世。天柱山内植被繁茂，森林覆盖率高达97%，享有"空气维他命"美称的负氧离子是国家最高的Ⅰ级标准的三倍。唐代大诗人白居易在《题天柱峰》一诗中赞美："天柱一峰擎日月，洞门千仞锁云雷。"

天柱山拥有超高压变质岩带，尤其以崩塌堆垒地貌景观而被地质学家誉为世界上最美的花岗岩地貌，又被称作"地球的泄密者"。

天柱山，隋代以前称衡山、湘山，汉设衡山郡。公元前106年，汉武帝刘彻登临天柱山封号"南岳"。道家将其列为第十四洞天、五十七福地。

宋沈括《梦溪笔谈》载："古人论茶，唯言阳羡、顾渚、天柱、蒙顶之类，都未言建溪。"《潜山县志》述："茶以皖山为佳，产皖峰，高矗云表，晓雾布蔓，淑气钟之，故其气味不待熏焙，自然馨馥，而悬崖绝壁间，有不得自生者尤为难得，谷雨采贮，不减龙团雀舌也。"

《茶经》就有关于舒州太湖县潜山产茶的记载：安徽产茶地方"江北有舒州、寿州……"。唐代著名茶典，杨华所著的《膳夫经手录》和北宋乐史《大平寰宇记》亦有对天柱山茶的记载。

以上是我这些年游历过的一些地方，略记于此，有志同道如能亲自游历，定能有自己的一番收获和体悟。

附

陆羽自传

　　《陆文学自传》写于唐肃宗上元二年（761），当时陆羽二十九岁。在《全唐文》中，有《陆羽自传》留存。陆羽"诏拜太子文学、太常寺太祝不就"的时间，约在唐德宗建中年间（781年前后）。所以，《陆文学自传》这个标题，应该是在陆羽身故后，好友整理其文稿时所加。明嘉靖《沔阳志》有关记载，和晚唐僧齐己的《过陆鸿渐旧居》一诗都证明陆子的确写过《自传》。

原文

陆子，名羽，字鸿渐，不知何许人。或云字羽名鸿渐，未知孰是。有仲宣、孟阳之貌陋，相如、子云之口吃，而为人才辩，为性褊噪，多自用意，朋友规谏，豁然不惑。凡与人宴处，意有所适，不言而去。人或疑之，谓生多嗔。及与人为信，虽冰雪千里，虎狼当道，不愆也。

上元初，结庐于苕溪之湄，闭关对书，不杂非类，名僧高士，谈宴永日。常扁舟往来山寺，随身惟纱巾、藤鞋、短褐、犊鼻。往往独行野中，诵佛经，吟古诗，杖击林木，手弄流水，夷犹徘徊，自曙达暮，至日黑兴尽，号泣而归。故楚人相谓，陆子盖今之接舆也。

始三岁，茕露，育乎大师积公之禅院。九岁学属文，积公示以佛书出世之业。予答曰："终鲜兄弟，无复后嗣，染衣削发，号为释氏，使儒者闻之，得称为孝乎？羽将校孔氏之文可乎？"公曰："善哉！子为孝，殊不知西方之道，其名大矣。"公执释典不屈，予执儒典不屈。公因矫怜抚爱，历试贱务，扫寺地，洁僧厕，践泥圬墙，负瓦施屋，牧牛一百二十蹄。

竟陵西湖，无纸学书，以竹画牛背为字。他日，问字于学者，得张衡《南都赋》，不识其字，但于牧所仿青衿小儿，危坐展卷，口动而已。公知之，恐渐渍外典，去道日旷，又束于寺中，令芟剪榛莽，以门人之伯主焉。或时心记文字，惚焉若有所遗，灰心木立，过日不作，主者以为慵惰，鞭之。因叹云："恐岁月往矣，不知其书。"呜咽不自胜。主者以为蓄怒，又鞭其背，折其楚，乃释。因倦所役，舍主者而去。卷衣诣伶党，著《谑谈》三篇，以身为伶正，弄木人假吏藏珠之戏。公追之曰："念尔道丧，惜哉！吾本师有言：'我弟子十二时中，许一时外学，令降伏外道也。'以我门人众多，今从尔所欲，可捐乐工书。"

天宝中，郢人酺于沧浪，道邑吏召予为伶正之师。时河南尹李公齐物出守，见异，捉手拊背，亲授诗集，于是汉沔之俗亦异焉。后负书于火门山邹夫子墅，属礼部郎中崔公国辅出守竟陵，因与之游处，凡三年。赠白驴乌犎牛一头，文槐书函一枚。云："白驴乌犎，襄阳太守李恺见遗；文槐书函，故卢黄门侍郎所与。此物皆己之所惜也。宜野人乘蓄，故特以相赠。"

洎至德初，秦人过江，予亦过江，与吴兴释皎然为缁素忘年之交。

少好属文，多所讽谕，见人为善，若己有之，见人不善，若己羞之，苦言逆耳，无所回避，由是俗人多忌之。

自禄山乱中原，为《四悲诗》，刘展窥江淮，作《天之未明赋》，皆见感激当时，行哭涕泗。著《君臣契》三卷，《源解》三十卷，《江表四姓谱》八卷，《南北人物志》十卷，《吴兴历官记》三卷，《湖州刺史记》一卷，《茶经》三卷，《占梦》上、中、下三卷，并贮于褐布囊。上元辛丑岁子阳秋二十有九日。

白话译文

陆先生名羽，字鸿渐，不知是哪里人。也有人说他字羽，名鸿渐，不知谁说得对。他有着三国时王粲、晋朝张载那样丑陋的相貌，有汉代司马相如、杨雄那样的口吃病，但为人多才善辩，气量小而性情急躁，处事多自己做主。在朋友们规劝下，他才心胸开朗而不疑惑；凡是与别人相处，心里想往别处去，往往不说一声就离开了。有人怀疑他，说他一生性情多怒。他与别人有约，即使相距千里，冰雪满路，虎狼挡道，也不会失期。

唐肃宗上元初年，他在湖州苕溪边建了一座茅屋，闭门读书，不与非同道者相处，而与和尚、隐士整日谈天饮酒。他常常乘一小船往来于山寺之间，随身只带着一条纱巾、一双藤鞋、一件短布衣、一条短裤；往往独自一人走在山野中，朗读佛经，吟咏古诗，用手杖敲打树木，用手拨弄流水，流连徘徊；从早到晚，至天黑游兴尽了，才号啕大哭着回去。所以楚地人相互传说："陆先生大概是现代的楚狂接舆吧。"

陆羽才三岁就成了孤儿，被收养在竟陵大师积公的寺院里。他从九岁开始学习写文章，积公给他看佛经及有关脱离世俗束缚的书籍。他说："我既无兄弟，又无后代，穿僧衣，剃头发，号称为和尚，让儒家之徒听到这种情况，能称为孝吗？我将要接受孔圣人的文章。"积公说："好啊！你想当孝子，你根本不知道西方佛门的道理，那学问可大呢。"积公坚持让陆羽学佛教经典，陆羽却坚持学儒家经典不动摇。积公矫正过去的错爱而变得毫无怜爱之心，用卑贱的工作对他进行考验：打扫寺院、清洁僧人的厕所、用脚踩泥用来涂墙壁、背瓦片盖屋顶、放三十头牛等。

竟陵西湖没有纸可以用来学习写字，陆羽便用竹子在牛背上画着写字。有一天，他在一位读书人处得到张衡的《南都赋》，但不认识赋里的字，只得在放牧的地方模仿小学生，端正坐着展开书卷，只是嘴巴动作假装读书罢了。积公知道了这件事，唯恐陆羽受到佛经以外的书籍的影响，离开佛教教义一天比一天远，又把他管束在寺院里，叫他修剪寺院芜杂丛生的草木，并让年龄大的徒弟管束他。有时陆羽心里记着书上的文字，精神恍惚像丢了什么一样，心如死灰，如木头站立，长时间不干活。看管的人以为他懒惰，用鞭子抽打他的背。陆羽因此感叹说："我唯恐岁月流逝，不理解书的内容。"他悲泣不能自禁。看管的人认为他怀恨在心，又用鞭子抽打他的背，直到折断了鞭子才停手。陆羽因而厌倦所服的劳役，丢下看管他的头目而离去，卷起衣服投奔戏班，写了三篇《谑谈》，以自身为主要角色，表演木偶"假官藏书"之戏。积公追来对他说："想你佛道丧失，可惜啊！我们的祖师说过，允许我的弟子在十二个时辰里，用一个时辰学习佛教以外的知识，并让他们制伏异教邪说。因我的弟子众多，现在顺从你的愿望，你可以从事音乐、诗书的研究了。"

唐玄宗天宝年间，楚地人大办宴会于沧浪水边，地方官吏召见陆羽，任他为伶人的老师。这时李齐物出任河南府太守，见到陆羽，认为他不是常人，握着他的手，拍着他的背，亲手把自己的诗集授予他，于是汉水、沔水地区的人们对待陆羽的礼节也就不同了。后来陆羽背着书来到火门山邹先生的别墅，正值礼部郎中崔国辅出京到竟陵郡任司马，与陆羽交游，共三年。有人赠送陆羽白驴、乌犎牛各一头，文槐书套一枚。白驴、乌犎牛，是襄阳太守李憕赠送的；文槐书套，是已去世的卢黄门侍郎给的。这些物品都是陆羽自己所爱惜的，适合隐士骑坐和收藏，所以人们特地赠送给他。

到唐肃宗至德初年，淮河一带人为避战乱渡过长江，陆羽也渡过长江，与吴兴释皎然和尚结成为僧俗忘年交。陆羽从小爱好写文章，其文多有讽喻之词；见到别人做好事，就好像自己也做了这样的事；见到别人做不好的事，就好像自己也做了不好的事而害羞。他对于逆耳忠言，从不回避，因此俗人大多嫉恨他。自从安禄山在中原作乱，他写了《四悲诗》；刘展割据江、淮地区造反，他作了《天之未明赋》，都有感于当时社会现实并且心情激动，痛哭流涕。陆羽著有《君臣契》三卷，《源解》三十卷，《江表四姓谱》八卷，《南北人物志》十卷，《吴兴历官记》三卷，《湖州刺史记》一卷，《茶经》三卷，《占梦》上、中、下三卷，一起收藏在粗布袋内。唐肃宗上元二年，陆羽先生年方二十九岁。

参考书目

《茶与中国文化》人民出版社 2001 年；

《茶经述评》农业出版社，2005 年；

《农业考古》2009 年第 5 期；

《茶经全集》线装书局，2014 年；

《茶经》三秦出版社 ，2020 年。

本书阅读指南

1. 单纯的茶文化爱好者，可选读卷二《茶经》和卷三《茶诀》；

2. 齐物之道和传统文化爱好者，请读卷一《齐物之道》；

3. 星相和分野研究者，请读卷一之《分星分野》和卷四之《山水次第评判标准》；

4. 洞天福地旅游爱好者，读卷四之《论洞天福地及各茶山之山水品第》及卷五《古迹溯源》；

5. 以茶入道者，不仅要把书读完，最好还应实践一次陆羽路线。

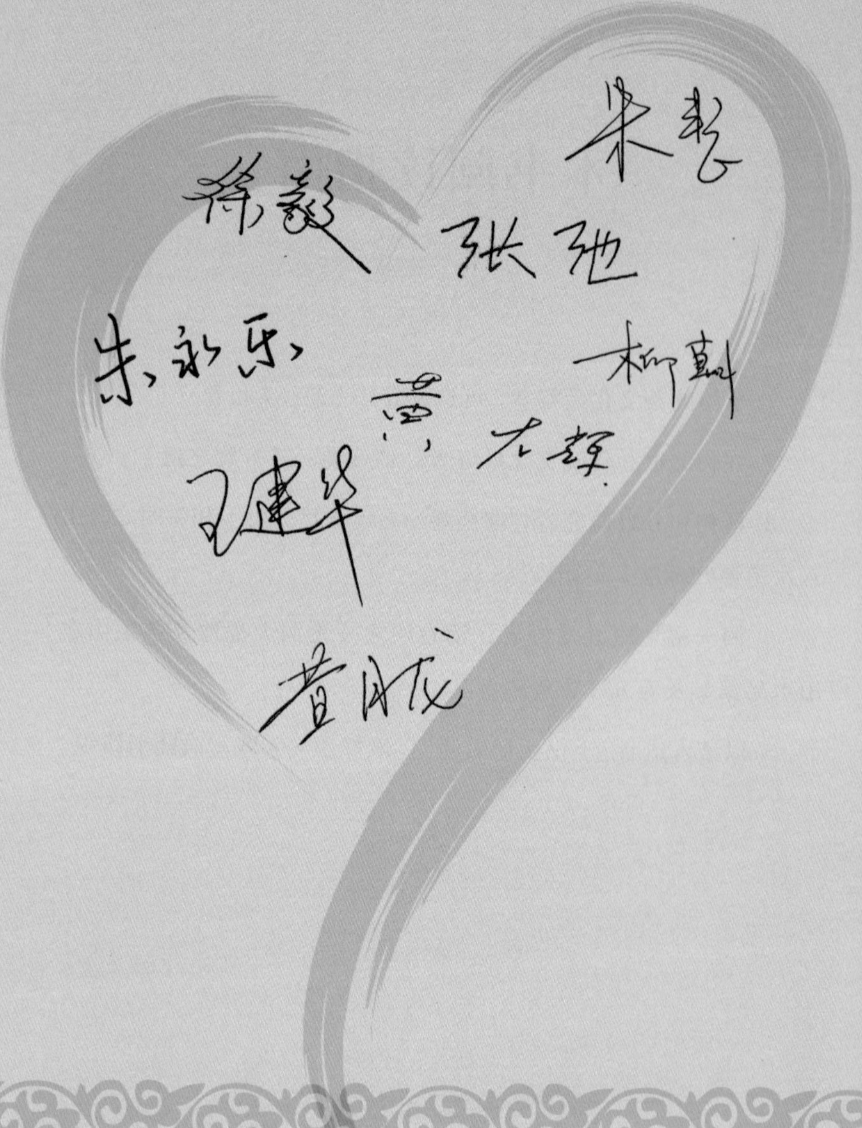

朱慧

孙毅

张弛

柳朝

朱永乐

黄

大辉

王建华

董月龙

徐　毅

微信：yiving

　　浙江人，传统文化爱好者，致力于优秀文化的学习与实践。订阅号：知道易行。

　　茶承载了自然之道，符合天地二气运行规律，研究茶文化，可以近道。希望更多人能够读到《茶经源》，从天文、地理、物理等方面去探究传统文化本源。

朱　慧

微信：849100704

　　从事金融行业，热爱中国传统文化，是在懒人这里第一次喝到最好的绿茶，感叹懒人走遍洞天福地的决心与毅力，只为印证茶文化的本源、寻找最好的茶。希望和祝福《茶经源》与更多人结缘，以茶入道，逍遥齐物，尽享现世之乐。

柳　朝

微信：13011594913

　　河北石家庄人，河北大学公共管理硕士（MPA），中国传统文化促进会会员，杨氏太极拳第六代传人，从事教育培训领域工作 15 年以上。个人爱好传统道家文化，茶文化。

　　《茶经源》正本清源，以茶解道的方式还原了《茶经》全貌，我愿尽微薄之力，支持本书的出版和传播，让更多的人对中国古代茶文化的起源有更深入的了解。

黄大辉

微信：13950584466

　　"太姥飞白"创始人，茶文化研究者，佛道文化爱好者。

　　秉持真正的茶德和茶人之德，不忘初心，不忘黄为地色，五行属信，以诚信为天下结，厚土之德方可承载大辉煌！

黄月龙

微信：wx4074773

　　生生园农场场主，自然农法践行者，立志为有缘人解决放心食粮的问题，找回食物本来的味道。

　　支持《茶经》的正本清源！认可《茶经源》的理念，喝茶喝个明明白白。

朱永乐（笔名：岩松先生）

微信：xlhhjlc

　　祖传六代中医世家，且师承于朱良春、邓铁涛、曹奕、董赟等国内外二十多位名老中医，属道家太极金针门。目前已有三十多年临床经验。主要从事针灸、外治方剂、美容、丹道。

　　古人有以茶入道，以医入道，以琴入道之说。天地为万物之本，人生于天地之间，当遵从自然规律思考生命本源。《茶经源》，是从源头上告诉我们茶叶的文化和国学的精髓在哪里，可以帮助我们更好地了解茶和人生的意义。

王建华

微信：13454999399

　　道家养生文化的学习和践行者。

　　茶本清源，人人喝得。《茶经源》出，为茶事、水事追本溯源，势必让更多人知茶明茶。

张　弛

微信：zhangchi672211

　　央企法律顾问，传统文化爱好者

　　一片茶叶，蕴含天地阴阳变化之理。跟随《茶经源》溯流而上，探求传统茶文化真谛，从此明明白白喝茶，领略先贤"以茶入道，逍遥齐物"的大智慧。

刘玲玲

微信：18915782951

　　爱好传统文化，追求符合自然的生活方式。

　　自从 2017 年以来，每天喝茶。草木如人生，茶味清淡如君子，茶入口或苦或甜或清或涩，实为心境的映照。《茶经源》以茶近道，希望借书更深入了解茶道。

众筹支持名单

圆 圆

微信：777210

金点道茶庄，以茶近道、验道，逍遥齐物！

梁学国

微信：15566812153

以茶入道，人生之幸运。洞天福地如此壮观，想去看看！

郑 彬

微信：15392112752

《茶经源》追本溯源，以三才之理，贯通全书，虽独言茶，实可推演无穷，理应万物。

刘 涛

微信：13582227241

留心草木间，扬涛于文海！

蒋青松

微信：17318673671

因有近道齐物之心，又因"终南懒散人"真诚以待的品质而支持《茶经源》！

李明亮

微信：huajil0

清静为天下贵。

张玉光

微信：qdzyg0505

万丈红尘三杯酒，千秋大业一壶茶。读《茶经源》，习逍遥齐物之道。

刘孝彬

微信：alfred_wuhui

传统文化爱好者。因为传统文化而关注、了解终南懒散人老师，感谢老师写《茶经源》讲解关于茶的源头知识，希望自己也能为图书出版尽一点微薄之力。

秦统玉

微信：15878273610

一个中国传统文化爱好者。

董海波

微信：13051657181

一名传统文化爱好者与实践者。

汪薪明

微信：18876722796

原名汪孔奋，网名南海灵龙。

近道者贵，茶经溯源，以茶入道；愿薪火明灯，于世间绽放智慧之光。

李诗连

微信：15258243707
"逍遥齐物"式生活向往者。

张小康

微信：13285870149
喜欢跟有趣的人在一个圈内，是热爱传统文化的打工人。

糖老爷

微信：p99dfg
认识终南懒散人老师四年了，以前只是觉得他是一个真性情的好人，这次《茶经源》却让我佩服他对茶道及传统文化的深厚功力，希望这本书让更多人认识逍遥齐物的魅力。

朱汉聚

微信：15060311505
传统文化爱好者。

木 子

微信：zzhangjyjy
推荐《茶经源》，这是一本可以提高智慧的书。

刘 菁

微信：13916247586
一名传统文化爱好者。

张建中

微信：13697317989
喝好茶，养好生，入好道，从《茶经源》开始。

种修延

微信：18237091888
文化种子的延续和传承，在于个人的用心修持！

米京娜

微信：13722275966
一个简单的人，随缘自在，随遇而安。

胡小师

微信：13816911868
个人商业顾问：职场规划，创业辅导，个人品牌打造。

付会丹

微信：15900267283
自知者明，知人者智。

宋永昌

微信：13589602876
一名热爱中国优秀传统文化的牙科医生。

王 鹏

微信：wp16430560
懒人茶文化的受益者，热爱者。

姜 彬

微信：13666399010
中国传统文化促进会会员。

林培圳

微信：13729552211
中国传统文化爱好者。

余根红

微信：qq308593114
从事中医，一名传统文化践行者。

莫凤服

微信：18083310086
追求美好人生的同时，保持身健心安意自在。

周 亮

《武魂》杂志执行主编。

崔显亮

微信：13832787309
传统文化爱好传播者。

宋光辉

微信：13906365040
喜欢一个人漫步于乡间田野，领略大自然的美景。

王丽宁

以茶入道，品淡人生。

刘爱霞

微信：15388679967
愿更多的有缘人能喝到好茶，读到好书《茶经源》，传播传统文化。

吴 燕

微信：wixid666380
好茶滋养人生，在繁杂中带来难得的清扬。

柳薪秀

微信：17692554822
行走在爱好传统文化路上的人。

深山古农

微信：18474432147
效法自然是一种生活方式。

李 靖

微信：13910225361
心境之道，常清静矣。

高双荣

微信：gsrdou
中国中医科学院中药研究所，毒性病理学家。
在茶中体会顺应自然之道，寻溯超脱凡俗的道家灵魂。

李丽霞

微信：lisalee_567

宋朝茶界名人蔡襄曰："丽谁高倚晚天霞，满目平皋尽物华。"愿随着《茶经源》出版，传统茶文化能深入人心！

林佳承

微信：lin104130195

传统文化爱好者。

钱宝宝

微信：Cczg1988

读《茶经源》可以近道。喝地道好茶，齐物逍遥。

朱艳艳

微信：zyymthgh

静下心来，做点自己真正喜欢的事。

何邦耀

微信：huixinyimeng456

以前的养生理论是人不可一日无茶，《茶经源》可助你养生，助你延年。

廉永洁

微信：18920938744

意若枕烟，秘庭凝虚。
超绝纷世，永洁精神！

洪亚鹏

微信：18691872260

亚鹏者，大鹏一日同风起，扶摇直上九万里。
希望更多读者与《茶经源》结缘，"以茶入道，逍遥齐物"。

任淑娟

微信：13583468312

地球流浪者，为一杯香茶而停驻。

* 拙

* 拙，一位无名氏，默默支持《茶经源》。